DECIPHERING SCIENCE SERIES
破译科学系列

王志艳◎主编

解码
生命的秘密

科学是永无止境的
它是个永恒之谜
科学的真理源自不懈的探索与追求
只有努力找出真相，才能还原科学本身

延边大学出版社

图书在版编目（CIP）数据

解码生命的秘密 / 王志艳主编．—延吉：延边大
学出版社，2012.7（2021.6 重印）
（破译科学系列）
ISBN 978-7-5634-3861-7

Ⅰ．①解… Ⅱ．①王… Ⅲ．①生命－科学－普及读物
Ⅳ．①Q1-0

中国版本图书馆 CIP 数据核字（2012）第 160743 号

解码生命的秘密

编　　著：王志艳
责任编辑：李东哲
封面设计：映像视觉
出版发行：延边大学出版社
社　　址：吉林省延吉市公园路 977 号　邮编：133002
电　　话：0433-2732435 传真：0433-2732434
网　　址：http://www.ydcbs.com
印　　刷：永清县晔盛亚胶印有限公司
开　　本：16K　165×230 毫米
印　　张：12 印张
字　　数：200 千字
版　　次：2012 年 7 月第 1 版
印　　次：2021 年 6 月第 3 次印刷
书　　号：ISBN 978-7-5634-3861-7
定　　价：38.00 元

　　生命现象是人类最关心的话题之一，因为它关系到我们人类生存的状态和质量。虽然，现代科学已经能够克隆生命，但我们还是在追问：生命是从哪里来的，生命又是怎样发展的？作为人类，我们不能解决本身存在的问题，那么，我们将永远处于混沌的生存状态中。如果不能解决生命的来源和存在的问题，也就不能解决生命消失的问题，我们也将永远处于对生存状态的焦虑和探求之中，生存的质量和生命质量就会大打折扣。

　　现代生物学研究虽然在一定程度上能够诠释生命的普遍现象，但却不能解释生命的特殊现象，而恰恰这些特殊的生命现象是生命里的未解谜团。如果能解开这些谜团，我们对生命就会有更深入的认识，也能够更好地认识我们自身了。

　　本书将最经典的生命谜团一一呈现。通过通俗流畅的语言、新颖独特的视角、大量精美的图片、科学审慎的态度，生动剖析了这些未解之谜产生的原因、原理及其背后隐藏的真相与玄机。

　　希望本书的出版能激发起青少年读者对生命探究的兴趣爱好，使其更加努力学习科学文化知识，掌握探求知识的本领，去探索自然界未知领域的真相。

　　本书在编写过程中，参考了大量相关著述，在此谨致诚挚谢意。此外，由于时间仓促加之水平有限，书中存在纰漏和不成熟之处自是难免，恳请各界人士予以批评指正，以利再版时修正。

目录
CONTENTS

目录
CONTENTS

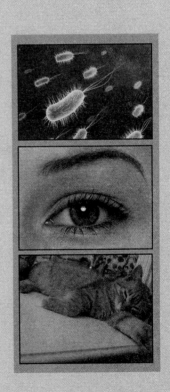

达尔文与生物进化论

千万年前，地球是一个荒凉的不毛之地，如今却繁花似锦，"鹰击长空，鱼翔浅底，万物霜天竞自由"，这一切为什么会出现，地球上的各种生物是一次性产生的，还是逐渐形成又慢慢发展的，抑或还有其他的可能？我们人类是女娲创造，上帝创造，还是其他方式变化而来的？这些都是长时间困扰我们人类普通而又玄妙的问题，是谁在人类探索这些问题的茫茫黑暗中点亮了一盏火炬，照亮了我们的前进方向？就是英国著名的科学家查尔斯·达尔文。

达尔文的生平（1809～1882年）。

1809年2月12日，达尔文出生在英国塞文河畔的希鲁兹别利的一个小城镇里。祖父和父亲都是当地著名的医生，家里希望他将来继承祖业，因此他在16岁时便被父亲送到爱丁堡大学学医。

但达尔文从小就热爱大自然，尤其喜欢打猎、采集矿物和动植物标本，对当时枯燥无味的解剖学和医学课并不感兴趣。进到医学院后，他仍然经常到野外采集动植物标本。父亲认为他"游手好闲"、"不务正业"，一怒之下，于1828年又送他到剑桥大学，改学神学，希望他将来成为一个"尊贵的牧师"。达尔文对神学院的神创论等感觉十分厌烦，他仍然把大部分时间用在听自然科学讲座，自学大量的自然科学书籍。热衷于收集动植物标本，对神秘的大自然充满了浓厚的兴趣。

达尔文在《物种起源》一书中，曾举出一个例子以证明他当时对大自然的狂热爱好："一天，我剥开一片老树皮，发现了两只稀有的甲虫，便用两只手各抓一只；之后却又发现第三只新的种类，我舍不得放走，便把抓在右手的一只投进嘴里。哎呀！它却分泌出了极端辛辣的液汁，把我的舌头烫得

△ 达尔文

发热，我只得把它吐掉；结果这一只甲虫跑掉了，而第三只也没有捉到。"后来，人们为了纪念他首先发现的这种甲虫，就把它命名为"达尔文"。

1831年，达尔文结束了在剑桥大学的学习。他放弃了待遇丰厚的牧师职业，依然热衷于自己的自然科学研究。这年12月，英国政府组织了"贝格尔号"军舰的环球考察，经剑桥大学亨斯洛教授的推荐，达尔文以"博物学家"的身份，自费搭上了这艘英国海军部军事水文地理战舰，开始了漫长而又艰苦的环球考察活动。

海上环球航行并不是一件愉快的事，达尔文首先必须克服晕船带来的生理上的痛苦，为此他一开始曾后悔过这次海上航行。痛苦的海上经历和艰苦的海上生活没有打断达尔文在"贝格尔"上的航海科学考察，因为他对此充满了热情。"贝格尔"号在南美洲的东海岸巴西等国逗留了长达两年的时间，随后绕到西海岸，再到新西兰、澳大利亚，横越印度洋，绕过非洲好望角，穿越大西洋到达巴西，最后再返回英国。这前后历时5年的环球科学考察，也是对他的一生科学活动有着重大影响的科学旅行。

环球航行时，达尔文每到岸上的一处地方总要进行认真的考察研究，采访当地的居民，有时请他们当向导，跋山涉水，采集矿物和动植物标本，挖掘生物化石，发现了许多没有记载的新物种。回到船上他总是记录这段时间的主要活动、整理收集到的化石和标本以及理清自己的思考过程。

在踏上"贝格尔"号之前，达尔文对上帝创造万物的观点并不怀疑，他甚至想在旅行结束回到英国后去做一名牧师。但是漫长的旅行逐渐改变了他的信仰。考察过程中，达尔文根据物种的变纯，整日思考着一个问题：自然界的万物包括人类究竟是怎么产生的，他们为什么会千变万化，彼此之间有什么联系？这些问题在脑海里思考越久，他对神创论和物种不变论也就越产生怀疑。

1832年2月底，"贝格尔"号到达巴西，达尔文上岸攀上了南美洲的安第斯山考察。当他们爬到山上海拔4000多米时，达尔文意外地发现了贝壳化石。他非常吃惊，心想："海底的贝壳怎么会跑到高山上了呢？"经过反复思索，他终于明白了地壳升降的道理。达尔文脑海中一阵翻腾，猜想："物种不是一成不变的，而是随着客观条件的不同而相应变异！"

当军舰绕过合恩角，沿着南美洲的西海岸前行，到达了位于厄瓜多尔西部的加拉帕戈斯群岛。该群岛由15个大岛，42个小岛和26个岩礁组成。虽然群岛与美洲大陆相隔560海里，达尔文却发现，岛上的生物与大陆上的生物有着明显的亲缘关系。但不同的岛屿上的物种彼此略有相异。

比如一个常见的地雀，显然是从大陆上迁移到群岛上来的，不过最初的种类在不同的岛屿上已经演化出了13种类型。它们的喙有大有小，形成一种渐次性的变化：吃坚果的鸟喙巨大而尖利，能够咬碎坚硬的果壳；吃小虫的鸟喙细长并弯曲，可以伸到很深的岩石缝隙中觅食。达尔文从鸟喙中读出了与流行的观点完全不同的信息，物种并不需要上帝去创造，只要处于不同的环境中，经过足够的时间，物种就可以演化出不同的类型。此时达尔文已经明确了自己的生物进化思想。

1836年10月，达尔文回到英国。在历时5年的环球考察中，达尔文积累了大量的资料。回国之后，他一面整理这些资料，一面又深入实践，同时查阅大量书籍，为他的生物进化理论寻找根据。

1838年，一个偶然的机会达尔文看到马尔萨斯的《人口论》，达尔文读完后，眼前一亮，马上将生物间的生存斗争与生物进化联系了起来。在生存斗争中获胜的个体将产生较多的后代，而失败的个体最终将被淘汰。生存斗争是推动自然环境中生物进化的力量。

至此，达尔文的进化论基本形成了。那就是：在自然选择的条件下，生物间进行着生存斗争，适应者生存，不适应者被淘汰。具体说，自然选择决定了进化的方向，生存斗争提供了进化的动力。而生物的大量繁殖，使种内斗争加剧，适应自然环境就生存下来，后代在群体中越来越多；不适应自然环境，个体被淘汰了，也就不会有后代留下来。这样经过若干代的进化，生物的特征不断地改变，最终形成更适应环境的新物种。

从1842年起，他开始系统地研究物种起源的问题，并在两年后写出了230页的物种起源的理论概要。

1858年7月，林奈学会（英国为带动植物学发展而创建的组织）召开了隆重的会议，研究了达尔文的物种理论概要、部分论文、各种笔记。最后裁定，达尔文拥有物种起源理论的优先权。

1859年，是达尔文一生中最光辉的年代。他的《依据自然选择的物种起源》（简称《物种起源》）问世了，立刻引起了轰动，这本科学巨著的第一版1250册在出版当天就销售一空，第二版3000册也很快售光。该本14章的著作从动物驯化入手，从人工选择导致生物变异，推出自然选择致使物种进化的结论。文章通俗易懂，加之引用了大量的事实做依据，使许多原来坚持物种不变的学者和广大普通读者，读后转变立场，成为进化论的支持者。

这部科学著作的问世，第一次把生物学建立在完全科学的基础上，以全新的生物进化思想，推翻了"神创论"和物种不变的理论。《物种起源》是达尔文进化论的代表作，标志着进化论的正式确立。

进化论的提出，在欧洲乃至整个世界都引起轰动效应，还在人们的思想领域引起了风暴。它沉重地打击了神权统治的根基，认为达尔文的学说"亵渎圣灵"，触犯"君权神授天理"，有失人类尊严。经过一段时间的激烈斗争，进化论轰开了人们的思想禁锢，启发和教育人们从宗教迷信的束缚下解放出来。

　　紧接着，达尔文又开始他的第二部巨著《动物和植物在家养下的变异》的写作，以不可争辩的事实和严谨的科学论断，进一步阐述他的进化论观点，提出物种的变异和遗传、生物的生存斗争和自然选择的重要论点，并很快出版这部巨著。

　　晚年的达尔文尽管体弱多病，但他以惊人的毅力，顽强地坚持进行科学研究和写作，连续出版了《人类的由来》、《考察日记》和《贝格尔号地质学》、《贝格尔号的动物学》等很多著作。

　　1882年4月19日，这位伟大的科学家因病在离伦敦约32公里的唐恩村逝世，人们把他的遗体安葬在威斯敏斯特大教堂，牛顿的墓旁，以表达对这位科学家的敬仰。墓碑上仅刻着："查尔斯·罗伯特·达尔文，生于1809年2月12日，死于1882年4月19日。"

对人类起源的认识

对人类起源问题自古就存在许多观点，各持己见长达数千年。大致存在两大类观点，唯心论和唯物论观点。唯心论者持神创论的观点，认为上帝创造了人。唯物者认为人类同其他生物类群一样，是生物界进化发展的结果，是自然界的产物。科学界普遍承认人是从古猿进化来的，不是上帝或神造的。因为无论是来自化石的直接证据，还是来自遗传学、分子生物学等研究的间接证据，都表明人类来源于猿类。

从400多万年以来的人类化石分析得出，人类的起源与发展总的来说可以分为4个阶段：前人阶段、能人阶段、直立人阶段和智人阶段。

一、前人阶段（南方古猿阶段）。前人阶段以南方古猿化石为代表，因此也叫南方古猿阶段。南方古猿化石最早是1924年在南非北开普省汤恩附近发现的，化石是一个小孩的头骨的大部分连着整个脑子的天然模子。由达特教授进行了研究，他于1925年发表文章，认为它是真正的猿和人之间的类型，是人和猿之间的"缺环"，定名为南方古猿。

可是它究竟是人还是猿，引起了人类学界激烈的争论，因为当时人类学界一般都认为大的脑子才是人的标志。

以后在南非发现了更多的这类化石，在非洲其他部分也有这类化石发现，特别是在东非，经过多方面的研究，直到20世纪60年代以后，人类学家才逐渐一致肯定它是人类进化系统上最初阶段的化石，分类上归入人科，成为人科下的最早的一属。

最早的南方古猿化石距今有400多万年。这类化石可分为两种类型：纤细型和粗壮型。纤细型进一步演化成下一阶段的能人；粗壮型则在距今大约100万年前灭绝了。

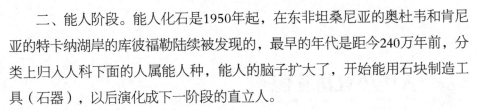

二、能人阶段。能人化石是1950年起，在东非坦桑尼亚的奥杜韦和肯尼亚的特卡纳湖岸的库彼福勒陆续被发现的，最早的年代是距今240万年前，分类上归入人科下面的人属能人种，能人的脑子扩大了，开始能用石块制造工具（石器），以后演化成下一阶段的直立人。

三、直立人阶段。直立人的通俗名称是猿人，直立人在分类学上的学名homo erectus译成中文是人属直立种，简称直立人，是人类的第二个种。直立人化石最早从19世纪末在印度尼西亚发现爪哇猿人开始，引起了是人还是猿的争论。从20世纪20年代后期起，在我国北京房山区周口店陆续发现了北京猿人的化石和石器，从而确立了直立人在人类进化史上的地位。直立人还带有不少类似猿的性状，所以俗称猿人，但他们已在人类的进化系统上经历了漫长的时间，已是人类发展第三阶段的人类，与古猿和现代猿有本质的区别。

人猿和猿人是有明显区别的，猿是和人最相近的动物，也叫人猿或类人猿。现今全世界的猿共有4种，亚洲有长臂猿和猩猩，非洲有大猩猩和黑猩猩，其他洲没有猿类。长臂猿体形较小，也叫小猿，其他3种猿的体形较大，也叫大猿。所以简单地说，人猿是像人的猿，而猿人是像猿的人。人是从猿进化来的，但指的不是现代猿，而是古猿。

直立人化石已在亚、非、欧3洲发现。在非洲，最早的直立人化石距今的年代为170万年。在亚洲和欧洲，最早直立人化石的年代还有争论，不能肯定，因而一般认为直立人是起源于非洲，然后分布到亚洲和欧洲的，但最近报道，爪哇发现的猿人化石的年代为距今180万年前，早于非洲的猿人。由于年代测定的不稳定性，目前还难于做出定论。直立人中年代较晚的是北京猿人。过去报道北京猿人中最晚的是距今23万年，最近报道是40万年。直立人之后是智人。

四、智人阶段。智人一般又分为早期智人（远古智人）和晚期智人（现代人）。晚期智人从距今十多万年前开始，其解剖结构已和现代人相似，因此又称解剖上的现代人。

人类还在进化吗

前段时间，有研究者预言千万年后人类Y染色体将消失，男人将不再存在。他在对人类Y染色体进行研究后发现，在3亿年的漫长的进化过程中，Y染色体上的基因已经失去了1000多个。由于Y染色体是通过男性精子传给下一代的，同时决定了男性的性别，因此Y染色体基因突变会直接影响下一代Y染色体的功能。这样，经过不断的退化，最初的Y染色体的功能将不复存在。这项研究一经报道，立即占据了很多报纸、杂志的头版。一些人不禁开始对人类的未来忧心忡忡。

△ 人类进化的过程

所幸的是，另有研究表明尽管Y染色体的功能在渐渐退化，但它还不至于彻底消亡。科学家在对黑猩猩进行了研究后发现，黑猩猩的Y染色体在过去的600万年中只失去了5个基因，而人类的基因要比科学家原来想象的稳定。但是仍然有个问题始终萦绕在人们心头，那就是"人类还在继续进化吗"？

对于绝大多数研究者来说，"人类是否还在进化"或许不是个问题。因为人类和其他任何存在于地球上的生物一样，是自然选择及其他进化机制共同作用的结果。有些人甚至认为这样的问题本身就反映了他们对生物进化的误解，那就是把人——这种生命形式作为所有生物进化的终点。

　　然而也有一些研究者指出，在发达国家，随着科技的不断发展、文明的不断进步，自然对人类的影响已经越来越小，自然选择的作用正在逐渐消失，人类已经到达了进化的顶峰。因为人类基本的物质需要都能得到满足，医疗保健水平越来越高，新生儿的存活率很高；进化法则似乎由"最适者生存"变成了"几乎所有人生存"，自然对人类的选择性压力大大减轻。但是事实上，自然选择仍然在发达国家中存在，因为人们的生育能力仍然存在较大的个体差异。每个人生育孩子的数量不同，说明个人对人类的贡献也不相同。而在不发达国家，人们仍然受到贫穷与疾病的威胁，自然选择的压力更大。自然选择在人类的基因组上留下印迹，使人类能产生对一些严重疾病的抗性。

　　以艾滋病为例。目前在非洲，几乎所有的黑猩猩都携带着人类免疫缺陷病毒（HIV），但它们却不会感染艾滋病。然而几千年以前，情况却大不相同。当第一批黑猩猩感染上艾滋病毒的时候，成千上万只黑猩猩因此死去，只有一小部分能够免疫，得以存活。而活下来的那些黑猩猩，就是现在这些有免疫功能的黑猩猩的祖先。由此推测，1000多年以后，人类将可以携带HIV，但却不会感染上艾滋病。

　　在过去的很多年里，科学家一直致力于研究自然选择如何造就了人，并不断塑造着人。人类基因组计划与世界各地获得的人类遗传学信息不断地揭示了人类DNA受到自然选择的痕迹。

从猿到人：人类继续向现代"变异"

　　无论人类今后会进化成什么样子，从猿到人体形的改变在很大程度上是自然选择的结果。现在有许多研究表明，在600万年前开始的从猿到人的进化，始终伴随着很强的自然选择压力。但是，并非所有的人体形的改变都与自然选择或遗传进化有关，如人的平均身高变得越来越高，是由于营养水平的提高而非自然选择的结果。

　　原始人的面部特征在300万年里发生了很大的变化：由更新世灵长动物宽大下颌的脸变成现代人类相对较小而细长的脸。南非开普敦大学的人类学家吕贝卡·阿克曼和美国华盛顿大学医学院的解剖学家詹姆斯·切夫鲁德认为，基因漂移能够解释在250万年前人类诞生后的几乎面部的所有变化。

　　另有研究认为，在人种的地区差异上，虽然基因的随机漂移作用没有人们想象的那么大，但在一些情况下却起着很大的作用。比如，研究者发现，生活在西伯利亚的布利亚特人的头骨更为宽阔。因为这样的头骨具有更小的表面积，以使人在寒冷的气候条件下散失的热量更少，更能适应寒冷气候。

　　最近，美国康奈尔大学的生物学家卡洛斯·巴斯塔曼特及其同事完成的一项研究，也证明了达尔文的自然选择理论在人类基因水平上仍然发挥作用。研究人员在对近12000个来自39个人与1头黑猩猩的基因分析后发现，被检测的人类基因中约有9%正在快速进化，因此，自然选择仍然在人类基因组构建中起着重要的作用。而最易受影响的基因是那些与免疫、生殖以及感知有关的，研究人员在将人和黑猩猩的基因组比较后还发现，这些基因在人身上发生的变化要比在黑猩猩身上发生的大，尽管人和黑猩猩在500万年前具有相同的祖先。

　　文明的进步促进了人类的进化：

　　尽管人类头骨的变化与基因随机漂移有关，但人体的其他一些变化更可能与文化或环境有关。

美国犹他大学和哈佛大学的科学家曾提出，长跑对于塑造现代人直立的体形至关重要。200万年前，当非洲草原上的人类祖先开始直立行走后，为了适应非洲草原上弱肉强食的生存环境，他们开始学会了长跑，以躲避敌害或获取食物。这个古代人类的长跑习惯在现代人类的身上留下了很多进化印记。例如，人类有宽而硬的膝关节，腿部有许多其他类人猿没有的肌腱，有发达的臀肌、汗腺等。

最近，美国霍华德·休斯医学研究所的布鲁斯·拉恩及其同事在对人脑进行研究时发现，有两个与脑容量大小有关的基因，这两个基因序列的变异调控了人大脑的大小，如果它们不能正常工作，新生婴儿的大脑会很小。

在这之前，研究人员就已发现这两个基因在人类进化过程中产生了一系列变异。其中一个名叫Microcephalin的基因在3500万年到3000万年前灵长类向人类进化的过程中加速进化，但后来进化速度减缓了；而另一个名为ASPM的基因在原始人类进化的600万年里，进化的速度极快。为了了解这两个基因是否在今天的人群中仍然在进化，他们又进行了深入研究。

研究人员利用从各个不同人种种群获取的DNA样本，发现Microcephalin基因和ASPM基因与千百万年前相比，仍然发生了很大的变化。通常这些变异以高频度出现，因此不可能是基因的偶然变异，只可能是由于自然选择的压力造成的。这样，适合物种生存的遗传变异就得以保存下来，并传递给下一代。

另外，在37000年前，Microcephalin基因发生新变异的时候，恰好艺术、音乐刚刚出现，人类也才开始学会制造工具；而ASPM基因的新变异发生在约5800年前，基本与文字的产生、农业的传播及城市的出现处于同一时期。因此，人类的遗传进化可能与文明的进步有着一定的关系。对许多人类学家、生物学家来说，虽然目前相关研究数量有限，但已有越来越多的研究证据表明，自然选择仍然作用于人的基因组，即使这种作用方式很微弱，人类仍然在不断地进化。那么，我们是否由此就可以推测未来人类进化的方向或过程呢？千万年以后，男人真的会消失吗？未来的人类会是什么样子……

目前，绝大多数研究者都不能确切地解答上述问题。也许只有时间，只有"自然"才能告诉我们答案。

人类未来进化的可能形式

　　人类未来将进化成什么样？科学家连人类未来1000年怎样适应环境变化现在都无法准确预测，更别提上百万年了。最近，英国生物学家道金斯就明确指出，提前对人类未来发展进行预测是一种轻率行为。但是美国华盛顿大学古生物学家彼得·沃特在《未来进化》一书中说，人类正利用高科技让地球万物屈服于我们的意志，从而令人类真正达到"长寿"。他推断人类至少还能再存在5亿年。沃德和其他科学家认为，根据过去的进化理论和目前人类发展趋势，人类未来最有可能以5种形式存在。

　　一、不再分化的"单一人"。生物学家表示，一个物种的不同种群只有互相隔离才能使这些种群分化成不同的物种。正是这一进程，厄瓜多尔西部加拉帕戈斯群岛才出现了13种不同种类的"达尔文雀鸟"。如果人类分布越来越广泛，人类是否具有进一步分化的可能？美国杜克大学生物多样性专家斯图亚特·皮姆指出，人类非但不再分化，反而一直在"聚合"。随着人类社会在全球化的快速发展下更加融合，文化多样性也正在消退。他说："人类目前拥有6500种语言。如果到了下几代，很有可能只剩下600种。"

　　一百万年后，高度全球化的后果可能是不同人种均被同化，不同肤色融合到一起，种族特征逐渐消失。进化为"单一人"会实现所谓世界大同。但是像所有单一物种一样，单一人种也更容易受到传染性疾病的威胁。因为基因的可变性能够在一些病毒来袭时保护基因多样化的物种不受大规模的伤害。因此生物学家还指出，单一人文化还必须面对环境进化压力的挑战。

　　二、历经灾难的"幸存人"。如果不同人群被长期分隔在不同的地方，不同的种族就会自然产生。比如，如果全球遭受致命生化恐怖袭击，对该生化病毒具有抵抗力的人将存活下来并在被污染的环境下繁衍具有免疫力的后代。而那些没有免疫力但在庇护所求生的人就在被隔离的区域形成自己的种族。

但是如果灾难不期而至，人类还能幸存吗？从大洪水、瘟疫、核战争到小行星撞击地球，这些灾难有可能一夜之间将人类文明完全摧毁，使得劫后

△ 人类未来进化的可能形式

余生的人们走上他们自己的进化道路。在科幻电影中，人类无论遇到什么样的困难，最终经过艰苦卓绝的斗争都能活下来。正如进化理论所称，即使人类出现种族分化，最后也会有一个种族完全取代或同化其竞争者。最有说服力的例子就是尼安德特人的灭亡。很多古生物学家认为，虽然尼安德特人在体格上比我们的祖先智人健壮得多，却由于智力上的劣势，最终被能制造高级武器的智人取代。

三、科技制造的"基因人"。社会评论家约耳·加罗认为，基因技术目前发展迅速，而塑造"基因人"也代表着人类进化的新类型。这种基因进化要比生物进化、甚至是文化进化来得更加迅猛。生物进化用了数百万年，就是文化进化时间最少也有数百年，那么基因进化成一个新的人种又需要多长时间呢？加罗的答案是20年。

另外，布朗大学肯·米勒教授指出，在过去，医学进化事实上起到了社会平等"平衡器"的作用。由于世界各国采取措施，提高公共卫生水平，天花和脊髓灰质炎等由来已久的疾病问题得到根除。随着科学家对疾病遗传根源的了解越来越多，这种趋势还有可能持续下去。可以想象，一旦科学家找到衰老和疾病的基因特征，那么我们到了百岁仍能保持着最佳工作状态。如果有人达到这样的状态，那么他或她很可能就会寻找将这些基因传到自己后代的方法，这最终将导致新人种的产生。目前，基因疗法只能在个人身上奏

效。如果想令"基因人"具有遗传性，科学家将面临伦理道德问题。由于基因技术的不确定性，还可能带来无法预料的后果。

四、才智过人的"半机器人"。随着自动化技术的发展，一些专家开始担心人工智能可能会超过智人天生的聪明才智。而在某些领域，人工智能事实上已经超过了人类的大脑：1997年超级计算机"深蓝"就战胜了国际象棋大师卡斯帕罗夫。一位计算机专家曾预言，人类不久将面临智能机器、大规模杀伤性武器等技术的挑战。

有科学家推测，真正具有智能的机器人很可能在2030年前诞生。而一旦智能计算机存在，这就将迈出机器人种族的第一步，尽管只是一小步。智能技术的存在会令我们更聪明。但问题是，一旦半机器人的发展超出人类的控制范围，就会对人类构成挑战，威胁到人类的生存。

五、离开地球的"太空人"。如果人类的寿命足够长，为了生存就只能向其他星球扩张，从而形成新的人种。而新的繁衍地距离地球既不能太远，又不能太近，这样才能有利于人类到达以及母系物种的基因混合。华盛顿大学古生物学家彼得·沃德说："如果我们能到达其他星球，我们将诞生一个新的人种。但我们怎样才能离开地球呢？"目前已知距离地球最近的星系是天苑四。天苑四距离地球10.5光年，即使宇宙飞船能以光速1%的速度飞行，人类也需要1000多年才能到达。

要到达遥远的星球，那么科学家就必须建造能将整个人类文明送到目的地的大型太空飞船，科学家还提出了其他几种方案。科学家塞思·索斯塔克解释说："我们不会将一切都放到火箭上，我们将会把自己'发送'到星球，通过这种方式诞生新的人种。"

生命的无机物质组成

生命的无机物质主要由以下几部分组成：

一、水

水是生物体含量最大和最重要的组成成分，生物体质量的 $55\sim90\%$ 是水，在生物体内以游离水或结合水的方式存在。水既是溶剂，又是物质运输的介质，参与生命活动的一切化学反应，没有水就没有生命。生物体内水的来源主要有3种：饮水、食物中的水和体内代谢产生的水。

二、无机盐

无机盐占生物体重量的 $2\sim5\%$，在生物体内一般以离子形式存在，主要有 Na^+、K^+、Ca^{2+}、Mg^{2+}、Fe^{2+}、Fe^{3+} 等阳离子和 Cl^-、SO_4、HPO_4、HCO_3^- 等阴离子。各种离子的比例与海水成分接近，成为生命起源于海洋的一个证据。这些物质有的是构成细胞的一部分，有的直接参与酶反应，参加细胞的新陈代谢过程，还有的维持体内的渗透压和电解质平衡，维持生命正常活动及内环境的稳定。

Na^+ 是细胞外液中最主要的阳离子，K^+ 是细胞内液中最主要的阳离子，它们共同在机体内调节机体和细胞的渗透压。Fe^{2+}、Fe^{3+} 与血红蛋白、肌红蛋白结合，参与气体的运输和交换过程。Ca^{2+} 是构成骨骼和牙齿的主要成分，同时具有调节机体的生理功能。HCO_3^- 和 HPO_4 构成机体中最重要的缓冲系统，维持机体内的酸碱平衡，使人体血液的pH能经常保持在 $7.35\sim7.45$ 之间。在7.35以下，人的身体就会处于健康和疾病之间的亚健康状态，出现身体疲乏、记忆力衰退、注意力不集中、腰酸腿痛等现象；小于7时，会产生重大疾病；下降到6.9时，会变成植物人；如果只有 $6.8\sim6.7$，人就会死亡。

食物中微量元素的含量

作用于人体的部位	钙 (Ca) 骨、牙、体液	锰 (mn) 酶	铁 (Fe) 血红蛋白 肌红蛋白酶	铜 (Cu) 酶	锌 (Zn) 酶、RNA、DNA的合成	铅 (Pb) 骨髓	锶 (Sr) 骨牙
功能或然害	形成支持组织电解质	脂肪代谢蛋白转乡糖	血红蛋白合成	铁利用胶原代谢黑色素生成	能量代谢核酸代谢	造血滞碍血管痉挛中毒性脑病	促进生长
粳米	9.23	740.43	0.88	220.79	1.22	7.73	11.56
灿米	7.69	668.87	0.82	263.05	1.24	27.81	10.89
富强粉	25.69	691.97	2.59	0.18	1.44	125.19	71.64
黄豆	555.16	2417.11	8.69	1099.84	5.56	676.80	1024.86
花生	198.03	2135.63	3.82	945.59	3.71	674.19	412.65
土豆	34.80	115.46	0.91	19.80	0.34	19.17	30.33
芋艿	97.76	145.86	1.72	23.26	0.25	100.99	101.98
胡萝卜	86.48	205.90	7.17	7.96	0.24	0.25	124.70
莴苣	75.11	460.06	3.48	122.32	0.36	48.08	76.28
青菜	289.07	163.06	1.34	53.11	0.49	41.89	274.79
菠菜	207.83	490.94	6.89	125.14	1.05	112.54	188.36
茭白	11.08	614.01	0.92	64.61	0.24	0.18	15.00
雪里红	674.32	419.36	3.58	118.48	0.39	21.28	415.36
草头	666.49	1108.26	26.46	480.08	1.59	33.66	611.46
茄子	66.60	224.40	1.17	110.61	0.22	22.82	53.48
番茄	21.14	41.35	0.43	58.40	0.17	0.13	9.23
黄瓜	79.14	61.69	1.77	125.21	0.26	0.10	66.35

三、微量元素与健康

生命组成的最小物质单位是元素。以人体为例，参与人体组成的元素约有30种。其中含量较高的碳、氢、氧、氮占体重95％以上，钙、镁、钾、钠、磷、氯、硫等在体内含量在0.01g/kg以上，这些元素被称为常量元素。体内含量低于0.01g/kg的元素称为微量元素，如铁、锌、铜、锰、硒、碘、铬、氟、硼、硅、钼等是维持人体正常生命活动所不能缺少的。尽管人们对这些必需微量元素的需要量很少，但它们在体内不能合成，必须从膳食中不断供给。

体内的各种微量元素与人体的健康有着紧密的联系。

1.锌。锌是人体中几十种酶的组成成分。缺锌可导致厌食、智力低下、免疫力下降、诱发肿瘤等。锌的食物来源很广泛，动物性食物含锌丰富而且吸收率高，其中鲜鱼和牡蛎的锌含量高达100mg/100g以上。

2.硒。硒参加谷胱甘肽过氧化物酶的组成，参与清除体内的自由基，防止DNA突变和激活机体免疫防卫系统等，是人及动物抗氧化、延长寿命、防止细胞中毒和增强机体对疾病抵抗力的重要营养物质，低硒与肿瘤发生率上升有关。硒对于维持心脏功能是必需的，缺硒可造成心脏严重损伤。海产品、肝、肾、肉和整粒的谷类是硒的良好来源。要注意的是，由于职业原因长期接触过多的硒化合物能引起硒中毒。

3.氟。高剂量的氟可引起骨髓的氟中毒。氟的不足则是造成龋齿和骨质疏松的重要原因。一般食物中含氟量较少，正常情况下从饮水中摄入足量的氟即可满足人体的需要。

4.铜。铜被人体吸收后，一部分以铜蛋白形式储存于肝脏，其余的基本在各组织内参与合成细胞色素氧化酶、过氧化物歧化酶、酪氨酸酶等，对维护神经系统正常功能和保护细胞免受毒性有重要作用。此外，铜还对胆固醇代谢、心肌细胞代谢、激素分泌等许多生理、生化和病理生理过程都有影响。缺铜是易患冠心病的重要因素之一；而恶性肿瘤患者的铜含量肯定增高，可作为肿瘤活性的标志。

5.铬。铬是人体和动物必不可少的一种微量元素，其中+3价的铬才是人体必需的，其他形式如+4价、+5价或+6价的铬没有生物活性，而且+6价的铬对人体有剧毒，可致肿瘤或致死。

铬是葡萄糖耐量因子的组成成分，具有激活胰岛素和降低血糖的作用，从而刺激机体糖代谢的正常进行。缺铬会引起糖尿病或动脉硬化等疾病，白内障、高血脂等也可能与长期缺铬有关。铬在天然食物中存在比较广泛，海洋生物是铬的良好来源。

6.锗。锗是一种免疫刺激剂，有明显的抗肿瘤活性。锗也是一种细胞生长促进剂，能控制寄生虫、细菌和真菌引起的各种疾病。锗的某些化合物基本属于无毒物质，但大剂量摄入会产生肝脏受损、肾功能衰竭等中毒症状。

总之，在正常生理状态下体内的各种微量元素维持相对平衡。一旦这一平衡被打破，出现微量元素增多或减少，都可以导致生理功能失调或引发疾病。

生物细胞的结构与功能

地球上的生物，除了病毒等少数种类以外，都是由细胞构成的。生物体的一切生命活动都是在细胞内进行的。因此，细胞是生物体结构和功能的基本单位。

构成生物体的细胞很微小，绝大多数必须借助显微镜才能看到，要想看到其内部的精细结构，还必须借助于电子显微镜。细胞虽然很微小，但是却有着非常精细的结构和复杂的自控功能，这就是细胞之所以能够进行一切生命活动的基础。

根据细胞结构特点和复杂程度的不同，可将细胞分为真核细胞和原核细胞两大类。真核细胞由细胞膜、细胞质和细胞核3种结构构成。原核细胞也有细胞膜、细胞质，但没有真正的核，只有一片核区。所谓核区，不像真核细胞的细胞核那样由核膜包围，所以称作拟核。这是原核细胞与真核细胞的最大差别。

生活在我们周围的生物，绝大多数是由真核细胞构成的，叫做真核生物；少部分生物是由原核细胞构成的，叫做原核生物。要想搞清楚它们的结构和功能，首先得搞清楚细胞的结构和功能，因为细胞是它们的结构和功能的基本单位。

一、细胞膜——细胞的门户

细胞膜在细胞的表面，它使每个细胞与周围环境隔离开，维持着相对稳定的细胞内部环境，并且具有保护细胞内部的作用。同时，细胞与周围环境物质的交换与运输，也主要依靠细胞膜来进行。细胞中的各种代谢活动，都与细胞膜的结构和功能有密切关系。

细胞膜主要是由磷脂分子和蛋白质分子构成的。这些分子大多数不是静止的，而是可以流动的。细胞膜的这种结构特点，对于它完成各种生理功能是非常重要的。

在细胞膜的外表，有一层由细胞膜上的蛋白质与多糖结合形成的糖蛋白，叫做糖被。它在细胞生命活动中具有重要的功能，最主要的便是它的识别作用。经研究发现，动物细胞表面糖蛋白的识别作用就好比细胞与细胞之间，或者细胞与其他大分子之间，互相联络用的文字或语言。

细胞膜是一种选择透过性膜。这种膜可以让水分子自由通过，细胞要选择吸收的离子和小分子也可以自由通过，而其他的离子、小分子和大分子则不能通过。所以说，细胞膜是细胞的门户。

植物细胞在细胞膜的外面还有一层细胞壁，它的化学成分主要是纤维素和果胶。一般原核细胞的表面也有一层细胞壁，其主要成分与真核细胞的不同。比如，原核生物细菌的细胞壁不含纤维素，主要成分是由糖类与蛋白质结合而成的化合物。它们对细胞都有支持和保护作用。

二、细胞质——细胞的家当

在细胞膜以内、细胞核或拟核以外的部分，叫做细胞质。细胞质主要包括细胞质基质和细胞器两部分。细胞质基质中含有水、无机盐离子、脂质、糖类、氨基酸和核苷酸等，还有很多酶。细胞质基质是细胞质的无形部分，细胞器则是有形部分，两者构成了细胞的主要内容物，所以把细胞质称作细胞的家当。

活细胞的细胞质处在不断流动的状态，这对于细胞的新陈代谢活动是十分重要的。

真核细胞的细胞质中有多种细胞器，主要有线粒体和叶绿体，此外还有内质网、核糖体、高尔基体、中心体、液泡和溶酶体等。原核细胞的细胞质中没有高尔基体、线粒体、内质网和叶绿体等复杂的细胞器，但有分散的核糖体。

每一种细胞器都有特定的形态结构，在整个细胞的生命活动中行使各自专有的功能。

1.线粒体——细胞内供应能量的"动力工厂"

线粒体普遍存在于动植物的细胞中，是活细胞进行有氧呼吸的主要场所。细胞生命活动所必需的能量，大约有95％来自于它。生物学家们把它比作细胞内供应能量的"动力工厂"。

线粒体由内外两层膜构成，大多呈椭球形。外膜使它与周围的细胞质基质分开，内膜的某些部位向内腔折叠，以致其表面积大大增加，为其职能的充分行使扩展了足够的空间。在线粒体内有基质，还含有多种与有氧呼吸有关的酶及少量DNA。

线粒体一般是均匀地分布在细胞质基质中，但是它在活细胞中能自由地移动，往往集中在细胞内新陈代谢比较旺盛的部位。

例如，在小鼠受精卵的分裂面附近就有较多线粒体的分布。

各种细胞所含线粒体的数目有很大差别，通常是几百个到几千个不等。一般来说，动物细胞中线粒体的数目比植物细胞多一些。同一种细胞在不同的生理状态下，线粒体的数目也不同。例如，善于飞翔的鸟类胸肌细胞线粒体的数目比不善飞翔的鸟类的多。

2.叶绿体——"养料制造厂"和"能量转换站"

叶绿体是绿色植物叶肉细胞中进行光合作用的细胞器。生物学家们把它喻为"养料制造厂"和"能量转换站"。

叶绿体一般呈扁平的椭球形或球形，也是由两层膜构成，使叶绿体内部与外界隔开。叶绿体内部有几个到几十个由一个个烧饼状的囊状物堆叠而成的结构。就在这些囊状结构的薄膜上，有进行光合作用的色素和与光合作用有关的酶。色素可以吸收、传递和转化光能。在叶绿体的基质中也含有进行光合作用所必需的酶，还含有少量的DNA。

3.内质网——合成有机物的"车间"

绝大多数的动植物细胞内都有内质网。内质网与蛋白质、脂质和糖类的合成有关，也是蛋白质等的运输通道。研究者比喻说，内质网是合成有机物的"车间"。

内质网是由膜结构连接而成的网状物，广泛地分布在细胞质基质内。内质网增大了细胞内的膜面积，膜上附着很多种酶，为细胞内各种化学反应的正常进行提供了有利条件。

内质网分两种：一种表面光滑；另一种是上面附着许多小颗粒状的核糖体。

4.核糖体——蛋白质的"装配机"

核糖体是细胞内合成蛋白质的场所，科学家们把它比喻为蛋白质的"装配机"。

核糖体是一种椭球形的粒状小体，有些附着在内质网上，有些则游离在细胞质基质中。

5.高尔基体——蛋白质的"加工厂"

高尔基体由平行排列的扁平囊泡和大小不等的液泡组成，普遍存在于动植物的细胞中。一般认为，它与细胞分泌物的形成有关，它本身没有合成蛋白质的功能，但可以对蛋白质进行加工和转运，所以科学家们就把它比喻成蛋白质的"加工厂"。高尔基体还与植物细胞壁的形成有关。

6.中心体——与细胞分裂有关

动物细胞和低等植物细胞中有中心体。在动物细胞中，中心体参与细胞的分裂过程。中心体通常位于细胞核附近，由两个互相垂直排列的中心粒及其周围的物质组成。中心粒是一个柱状体，长300～200纳米，直径120～150纳米，其壁由9群微管组成，每群含3条微管，微管的直径约25纳米。细胞分裂时，两个中心粒分开，四周发出星线，与染色体的移动有关。

7.液泡——对细胞内环境起调节作用

液泡是植物细胞中的泡状结构，表面有膜，内含细胞液，液内含有糖类、无机盐、色素和蛋白质等，可以达到很高的浓度。因此，液泡对细胞内环境能起调节作用，使细胞保持一定的渗透压，并保持膨胀的状态。

8.溶酶体——细胞内的"酶库"和"消化系统"

这是一种具有单层膜囊状结构的细胞器，里面含有多种水解酶类，能够分解多种物质，生物学家们把它比作细胞内的"酶库"、"消化系统"。

三、细胞核——细胞的命根子

细胞核是遗传物质储存和复制的主要场所，是细胞遗传特性和代谢活动的控制中心，因此它是细胞结构中最重要的部分。

　　大量的科学实验表明，凡是无核的真核细胞，既不能生长也不能分裂，如人体成熟的红细胞。人工去核的细胞，一般不能继续存活。例如变形虫去除细胞核以后，新陈代谢减弱，运动停止，而重新移入细胞核后，又能够恢复生命活动。由此可见，细胞核在细胞生命活动中起着决定性的作用，是细胞的命根子。

　　真核细胞绝大多数都有细胞核。每个真核细胞通常只有一个细胞核，而有的细胞有两个以上的细胞核。例如，人的骨骼肌细胞中，细胞核可多达数百个。

　　细胞核的形状，最常见的是球形和卵形，但也有其他形状的。例如，白细胞的细胞核呈多瓣形，蚕的丝腺细胞的细胞核呈分支形，高等植物胚乳细胞的细胞核有时呈网状。

　　细胞核的主要结构有核膜、核仁和染色质（染色质与染色体是同一种物质在不同时期的两种形态）。拟核既无核膜又无核仁，只有丝状的DNA分子。

　　1.核膜——把细胞质与核内物质分开的结构

　　核膜包围在细胞核的外面，由内外两层膜构成，把细胞质与核内的物质分开。核膜上有许多小孔和大量的多种酶类。小孔是细胞核和细胞质之间进行物质交换的通道，酶则有利于多种化学反应的顺利进行。

　　2.核仁——合成核糖体核糖核酸的场所

　　核仁呈球状，由核糖核酸和磷蛋白组成，是合成核糖体核糖核酸的场所。核糖体核糖核酸与蛋白质结合输送到细胞质后形成核糖体。因此核仁与其说是原级合成

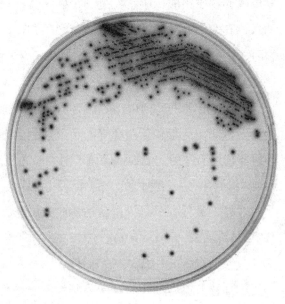

△ 人体的细胞

器官，不如说是储存核糖核酸，而带有次级合成能力的器官。

3.染色质——DNA分子和蛋白质分子的组合体

染色质主要由DNA分子和蛋白质分子组成，DNA分子是遗传物质。原核细胞内的DNA分子不含蛋白质成分，所以原核细胞没有真核细胞所具有的染色质。

以上我们分别讨论了细胞膜、细胞质、细胞核的结构和功能，必须记住，这三者不是彼此孤立的，而是紧密联系、协调一致的，一个细胞实际上就是一个有机的统一整体。细胞只有保持了完整性，才能够正常地完成各项生命活动。

人体的结构与功能

人类属于哺乳动物，细胞同样是人体结构和功能的基本单位。由细胞构成组织，由组织构成器官，再由器官构成系统，进一步由各个系统构成人体。

人体的基本组织可以分成4大类。各类组织的名称、结构特点、分布和主要功能是：上皮组织：细胞排列紧密，细胞间质（指细胞与细胞之间的物质，如弹性纤维、胶原纤维、组织液等）少；多分布在体内各种管腔壁的内表面；有保护作用，构成腺体（如汗腺、甲状腺等）的上皮细胞有分泌作用。

结缔组织：包括疏松结缔组织和致密结缔组织、骨组织和血液等。其特点是：细胞间隙大，细胞间质较多；分布广泛；有联结、保护、支持、营养等功能。

肌肉组织：主要由肌肉细胞构成，可分为骨骼肌、平滑肌和心肌3种。骨骼肌多附着在骨骼上；平滑肌分布在胃、肠等器官的管壁里；心肌分布在心脏的壁里；都有收缩和舒张的作用。

神经组织：主要由神经细胞

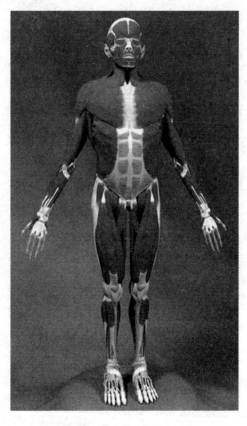

△ 人体的结构

（也叫神经元）构成；分布在神经系统里，受刺激后能产生兴奋和传导兴奋。

人体器官通常由上述4种组织构成，并且某一器官以某种或几种组织为主，这种结构特点是与器官的生理功能相适应。例如心脏内外表面覆盖着上皮组织，里面由心肌构成，结缔组织和神经分布于其间。这种结构与心脏具有促使血液循环的功能紧密相关。

人体主要由8个系统构成。各个系统和它们的主要功能归纳如下：

运动系统：运动、支持和保护。

循环系统：运输体内物质。

消化系统：消化食物和吸收营养。

呼吸系统：吸入氧和呼出二氧化碳。

泌尿系统：泌尿和排尿。

神经系统：调节人体的生理活动。

内分泌系统：分泌激素。通过激素的作用，调节人体的生理活动。

生殖系统：生殖。

繁简不一的动物器官系统

据统计，现在生活在地球上的动物约150多万种。科学家们根据它们的最主要特征，把它们分为了两大类：一类是没有脊椎骨组成脊柱的动物，叫做无脊椎动物；另一类是有由脊椎骨组成脊柱的动物，叫做脊椎动物。其中无脊椎动物约占动物种数的95％，而脊椎动物仅占5％左右。

无脊椎动物主要包括原生动物、多孔动物、腔肠动物、扁形动物、线形动物、环节动物、软体动物、节肢动物和棘皮动物等；脊椎动物主要包括鱼类、两栖类、爬行类、鸟类和哺乳类等。有关原生动物的结构和功能，可参看前面述及的草履虫、变形虫等单细胞动物。除原生动物以外，其他类型动物统称原生动物，以下由低等至高等、由简单到复杂分类概要介绍它们的结构和功能。

一、多孔类——构造简单的低等动物

多孔类又称海绵动物，是最原始低等的原生动物。身体构造简单，没有明显的组织分化，无消化腔，整个身体仅由内外两层细胞组成。外层为扁平状细胞，内层围着中央腔构成鞭毛室，内层细胞均为具有单鞭毛的襟细胞，有摄食、消化和激动水流的作用。内外层之间为中胶层，内含造骨细胞和生殖细胞。这类动物体内起支持作用的各种骨针和海绵丝，都由造骨细胞所形成。

多孔动物体表通常有许多进水小孔，身体顶端有一个或几个较大的出水孔。水流中携带的微小食物颗粒和氧气，通过沟道系统进入细胞中，形成食物泡，进行细胞内消化。

全世界已知多孔动物约5000种，大多数种类生活在海洋中，少数在淡水中生活。成体全部固着生活，常形成杯状、球状、块状以及树枝状的群体。

二、腔肠类——有原始消化腔的动物

腔肠类的体壁由内外两个胚层及其间的中胶层构成，内层围成的内腔具有消化机能，称为腔肠，这类动物因此得名腔肠动物。消化腔一端只有一个口孔与外界相通，食物的摄入与消化后废物的排出都通过此孔。口孔的四周有数目和长度不等的触手，为捕捉活食物的"工具"。腔肠动物开始分化出简单的组织，具有原始的肌肉结构和神经系统，但尚无呼吸、排泄和循环等器官；能进行有性生殖，也常进行分裂和出芽的无性生殖。大多数腔肠动物具有构造相当复杂的刺细胞，遍布于体表，并多集中于触手上，是攻击和保卫的武器。

全世界腔肠动物约9000种，全部为水生，绝大多数生活在海洋中。可区分为固着生活的水螅型和适于漂浮的水母型两种类型。有些种类在生活史中水螅型与水母型交替出现，称世代交替，如薮枝螅；有些种类水母型发达，如海蜇；有些种类则水螅型特别发达或只有水螅型世代，如各种珊瑚。

三、扁形类——身体扁平的低等蠕虫

扁形类的体形多为扁平纺锤状（如涡虫）、叶片状（如吸虫）或带状（如绦虫）。扁形类在外胚层和内胚层之间出现了中胚层，从而引起了一系列组织、器官和系统的分化，为动物体结构的发展和各器官生理的复杂化提供了必要的条件。来源于中胚层的肌肉构造如环肌、纵肌、斜肌等与表皮互相紧贴，组成了称为"皮肤肌肉囊"的体壁，体壁除具有保护功能外，还强化运动机能，完成蠕动的运动方式。消化系统与腔肠动物相似，有口无肛门，称为不完全消化系统。

依据形态特征和生活方式的不同，扁形动物分为自由生活的涡虫类和营寄生生活的吸虫类和绦虫类。寄生生活的类型消化系统趋于退化（吸虫）或完全消失（绦虫），通过身体表面的渗透作用来吸收寄主已消化的养料而生活。运动器官和感觉器官退化，但生殖系统特别发达能产生大量的卵。这些特征无疑是与寄生生活相适应的。

四、线形类——身体线形、始现肛门的动物

线形类与扁形类相似之处，就是身体两侧对称和具有三胚层，但在消化管末端出现了肛门，使消化机能因部位不同而产生分工。其皮肤肌肉囊由外层角质膜、表皮和肌肉层所组成；身体外形的一般模式为线状或圆筒状；体内具有由囊胚腔发育而来的原体腔（假体腔），腔内充满体腔液，可输送营养，并使体内保持一定的膨压。

线虫类全球已知约1万多种。自由生活的种类广泛分布于海洋、淡水及潮湿的土壤里，如在耕作土壤中有丰富的线虫。许多种线虫是动、植物体内的寄生虫，如人蛔虫、蛲虫、钩虫和小麦线虫等。

五、环节类——身体分节的高等蠕虫

环节类的身体结构和生理功能都达到完善和高度发展的程度。其躯体由许多彼此相似而又重复排列的体节所构成，分节现象是高等无脊椎动物进化过程中的一个重要标志，它不仅身体外表显示分节，而且血管、排泄器官、生殖腺、神经节等重要内部器官也按节重复排列。环节动物开始具有起源于中胚层的真正的体腔，即体壁与消化道之间的空腔。在体腔内除具有神经、循环、排泄、生殖等内脏器官外，还充满了体腔液，可与循环系统共同完成体内物质运输的机能。体腔的形成在进化上有重大的意义。环节类具有闭管式循环系统，血液在血管内流动。多数环节动物每节外部都长有刚毛，海产种类在身体两侧往往有成对的疣足，为运动器官。

大多数种类营自由生活，在海洋（如沙蚕、磷沙蚕）、淡水（如水丝蚓）和潮湿土壤中（如蚯蚓）均有分布，只有少数种类营寄生生活（如蚂蟥、医蛭）。

六、软体类——身体柔软的动物

软体类身体通常柔软、不分节，一般分为头、足和内脏囊3部分。头部在身体前端，具有口、眼、触手和其他感觉器官；足部常位于头部后身体腹面，形状随生活方式而不同，或为块状（蜗牛），或为斧状（河蚌），或为柱状（角贝），也有围在口周围并纵裂成多个腕状（乌贼），某些营固着生活的种类足完全退化（牡蛎）；内脏囊常位于足的背面，含消化、循环及生殖等器官系统。内脏囊外有保护器官，称为外套膜，其包围着的空腔称为外套腔，腔内除鳃外，还有消化、排泄、生殖等器官的开口。水生种类的外套膜表面多密生纤毛，可激动水流，使鳃不断与新鲜水流接触，进行气体交换。陆生种类的外套膜富有血管，以进行气体交换。外套膜向外分泌贝壳，用以保护身体。具有贝壳的种类通常又称"贝类"，但乌贼类具有内壳（又称海螵蛸）支持身体。大多数软体动物为开管式循环，血液从心室压出后，先到动脉管，再流到身体各部的血腔内，然后再汇流到静脉管，再流回心耳，进入心室。

软体动物种类很多，已记载的约11万种，是动物界第二大门类。大多数种类营自由生活，主要栖于海水（如鲍、蚶、蛏、贻贝、牡蛎）、淡水（如田螺、河蚌），潮湿的陆地环境也有分布（如蜗牛），少数种类营寄生生活。

七、节肢类——身体和附肢都分节的动物

节肢类的主要特征是身体由许多体节构成，而且为异律分节，即身体的若干原始体节分别组成头、胸、腹各部（如各种昆虫）；也有头、胸两部愈合成头胸部的（如虾、蟹、鲎、水蚤、蜘蛛、蜱螨等）；或胸、腹部愈合成躯干部（如蜈蚣、马陆等）；或头、胸、腹三部愈合在一起的（如熊虫）。各部形态不同，器官趋于集中，机能有了分化。一般头部管感觉和取食，胸部管运动，腹部管代谢和生殖等功能。节肢类不仅身体分节，而且附肢也分节，故名节肢动物。附肢各节之间以及附肢和躯体之间都有可动的关节，从而大大加强了附肢的灵活性，可适应感觉、运动、捕食、咀嚼、呼吸及生殖等多种功能。

具有厚而坚硬的体壁是节肢类的另一重要特征。体壁通常由上皮、基膜及表皮3部分组成。上皮是体壁的活细胞层，它向内分泌基膜，向外分泌非细胞结构的表皮。表皮的主要成分是几丁质和蛋白质，几丁质为节肢动物所特有。表皮中沉积的钙质使体壁硬度大增。表皮还具有蜡层，使体壁具有不透水性。体壁除具保护功能外，还与附着于其上的肌肉协同完成各种运动，它的作用与脊椎动物的骨骼相似，故称外骨骼。外骨骼的出现使节肢类对陆地复杂生活环境的适应能力远远超过其他无脊椎动物。

节肢类具有比较多样而复杂的感觉器官，其中主要为眼和触角。眼分单眼和复眼两种，单眼只具感光作用，复眼才是真正的视觉器官，能感受外界物体的形状和运动。触角兼具触觉、嗅觉和味觉的机能。水生种类（如虾、蟹、鲎）一般以鳃或书鳃为呼吸器官，陆生种类（如蜈蚣、马陆、蜘蛛）以气管或肺为呼吸器官，部分种类靠体表进行呼吸。循环系统为开放式循环，多数种类为雌雄异体。陆生者为体内受精，水生者行体外受精或体内受精。胚后发育情况很不相同，可分为直接发育或间接发育，间接发育者具有不同阶段的发育期和不同形式的幼体和蛹期，例如全变态昆虫蝶类的生活史须经卵、幼虫、蛹和成虫4个发育期，不同发育期的形态结构截然不同。

本类是动物界最大的一个门类，其种数约占整个动物界的85％，而且它们的个体数目十分惊人。节肢动物中昆虫的种类和数量繁多，分布广泛，在自然界的作用及与人的关系都是非常重要的。

八、棘皮类——构造特殊的海生动物

棘皮动物是一类构造特殊而又完全生活于海洋中的动物。体形多种多样，有星形（如海星）、球形（如海胆）、圆柱形（如海参）或树状分支形（如海蛇尾）等。无论哪种形状，它们的身体基本上都呈辐射对称，且多为五辐射对称。但棘皮动物的幼虫时期却是呈左右对称的，因此棘皮类辐射对称的体制属于次生性的，这与腔肠动物原始的辐射对称是完全不同的。

棘皮类的口不像以上各类动物那样来源于胚胎的原口（胚孔），而是在原口相反的一端发育成为幼体的口，原口则变为成体时的肛门，这类动物称为后口动物。所有的脊索和脊椎动物都属于后口动物，因此棘皮动物被认为是进化地位较高的无脊椎动物。

棘皮类的骨骼是由中胚层产生的，和其他无脊椎动物的贝壳或外骨骼的来源根本不同。这种骨骼有的极微小（如海参类）；有的成为许多骨片，相互排列成一定的形式，或愈合成一个完整的壳（如海胆类）。骨骼常向外突出成棘，因此称为"棘皮"动物。

棘皮动物真体腔的一部分形成了特有的水管系统，这一系统包括口周围辐射排列的管以及从管上分出的许多管足，管足是其运动器官。其他器官的排列方式基本上和水管系统的排列相仿。

棘皮类是一群海洋动物，全世界现存种类约5700种，全部生活于不同深度与底质的海洋中。

九、鱼类——终生生活在水中的动物

鱼类终生生活在水域中，它对水环境的长期适应构成了有别于其他陆生脊椎动物的特征。

鱼类体形基本为纺锤形，这种体形的鱼类多栖息于水体的中、上层，能快速而持久的游泳，如鲨、鲐、鲅等。有些鱼类因栖息地的小生境和食物性质等的影响，其体形产生变化，而呈带状（如带鱼）、蛇形（如鳗鲡、黄鳝）、侧扁形（如鲳鱼）以及盘状等。鱼体一般分为头、躯干及尾3部分，没有颈部。

鱼类终生用鳃呼吸。软骨鱼类（如鲨、鳐）的鳃比较原始，鳃裂直接开口于体外；硬骨鱼类（如鲤、黄花鱼）的鳃裂在外侧另有鳃盖保护。鳃的主要结构是鳃丝。当水由口流进，经过鳃丝时，溶解在水中的氧气就渗入鳃丝的毛细血管里；而血液里的二氧化碳，则渗出毛细血管，排到水中。

鱼体有适应水生生活的重要感觉器官——侧线。侧线是由一条伸展于躯干和尾部全长的纵行管道及布满头部的管道分支所构成。许多鱼类每侧有侧线一行（如鲤鱼）；有些鱼类，每侧有侧线数行（如舌鳎）；有的体侧不具侧线，而头部有比较致密的侧线网。侧线是高度特化的皮肤感觉器官，具有感知水流、压力的改变和低频振动的机能。

多数鱼类有适应于水中运动的器官——鳍。鱼鳍分奇鳍和偶鳍两类。偶鳍包括胸鳍和腹鳍，相当于陆生脊椎动物的前后肢，起到平衡和掌管游泳方向的作用。奇鳍分背鳍、臀鳍和尾鳍，协调鱼体的平衡稳定和推动鱼体前进。尾鳍的形状随种类不同而不同。鱼鳍的数目、位置和形状是鉴别鱼类的

△ 鱼类

依据之一。

　　大多数鱼类具有鳞片，真皮鳞是鱼类特有的皮肤衍生物，是一种保护性的结构，被覆在全身或身体的一定部位。鳞的有无及其形态是识别鱼类的重要特征之一。

　　鳔是大多数鱼类所特有的构造，一般呈膜囊状。鳔壁富有弹性的结缔组织，使鳔具有收缩与伸张的能力，鳔的张与缩使鳔内气体发生相应的增或减，因而引起鱼体比重的改变，起到调节浮沉的作用。此外，有些鱼类的鳔兼有呼吸作用。

　　鱼纲现存种类约24000种，全球水域中几乎都有分布，是脊椎动物中种数最多的一类。

　　十、两栖类——幼体成体水陆两栖的动物

　　两栖类是从水生向陆生过渡的一个类群，有许多适应陆栖生活的特征。但其身体构造在陆栖脊椎动物中还很原始，对陆地环境的适应程度还很低。

　　皮肤裸露，无被覆层，富有腺体是现代两栖类的显著特征。大量皮肤腺分泌黏液至体外，经常保持皮肤的湿润，并通过皮肤进行辅助呼吸。

　　两栖类开始产生五趾型附肢，有些种类趾间有蹼，既适于水中游泳，也便于陆上爬行。骨骼主要为硬骨。脊柱与鱼类相比有明显的分化，分为颈椎、躯干椎、荐椎和尾椎。

　　两栖类成体用肺呼吸，具有一对结构简单的囊状肺。由于肺的出现，循环系统也发生相应的改变，心脏演化为一心室两心房，形成不完全的双循环，体内的多氧血与缺氧血不能完全分开，新陈代谢效率低，不能维持恒定的体温。

　　对陆地环境适应的结果，也引起脑和感觉器官的变化。两栖类的大脑容积较一般硬骨鱼类大，大脑半球的分化较鱼类明显；具有活动的眼睑和瞬膜，用以保护眼球；除内耳以外，增加了中耳；内鼻孔与口相通，这样鼻子不仅是嗅觉器官，也是呼吸的通道。

　　两栖类的卵必须在水中受精，幼体（蝌蚪）必须在水中发育，幼体用鳃呼吸，无四肢，具长尾作运动器官，经变态发育为成体；而大多数两栖类的成体可以在陆地生活。"两栖"类即指这一特点。

全球现存两栖类2000余种，黑斑蛙、金线蛙、大蟾蜍（俗称癞蛤蟆）、花背蟾蜍和大鲵（娃娃鱼）、小鲵等，为习见种类。

十一、爬行类——适应陆地生活的脊椎动物

爬行类是真正的陆栖脊椎动物，具备许多适应陆生生活的构造特征，具有四足动物的基本形态。

在外部形态上，体外被覆有皮肤变态的角质鳞或角质板，对于防止体内水分蒸发有重要作用，这是保证爬行类能在干燥环境中生活的先决条件之一。在内部构造上，有机结构和机能进一步完善。爬行类的骨化程度已经很高，五趾型附肢和带骨进一步发展，并与支持身体的中轴骨紧密联系。颈部的出现使头部活动自如。神经系统的发展，新脑皮的出现，使动物的主动活动性大大增强，代谢水平也显著提高。肺成为爬行动物唯一的呼吸器官，其囊状肺比两栖类已有很大的发展。心脏上已发展成为完全的三室——左右心房和心室；心室不仅室壁肌更为发达，重要的是心室的腹壁已出现一个不完全的室间隔，标志着动脉血和静脉血出现分开的趋势。

爬行类具有陆上繁殖的能力，摆脱了两栖类那种栖息和分布以水域为转移的依赖性。其繁殖的特点是体内受精和产大型羊膜卵。卵内贮备丰富的卵黄，以保证胚胎发育过程中有足够的营养；卵外被有坚韧的卵膜，起着保护作用；胚胎发育早期，胚体周围形成包被的羊膜，羊膜的内腔即羊膜腔，腔内充满羊水，使胚胎得以在液体环境中顺利发育。因此，爬行类属于羊膜动物。

尽管爬行类具备了许多进步性的特征，但仍存在不少比较原始低等的结构。例如心室分隔不完全，血液仍为混合血，缺少调节体温的机制，仍属于变温动物。

现存爬行类大概有5000多种，包括龟鳖类（如陆龟、海龟、鳖）、有鳞类（如蜥蜴、壁虎、石龙子、避役）和游蛇、锦蛇、蟒蛇、海蛇等各种蛇类及鳄类（如扬子鳄、湾鳄、食鱼鳄）等。

十二、鸟类——适应飞翔生活的动物

鸟类是适应于空中飞翔生活的一群高等脊椎动物。

鸟体多呈流线型，飞行时可以减少空气的阻力，体表覆盖着羽毛。有意思的是，善飞的鸟羽毛只长在身体一定的区域，称为羽区，不长毛的区域称为裸区；相反，具备飞翔能力退化的鸟如鸵鸟和企鹅，倒是全身长满羽毛。飞鸟身上同时具有生羽毛的羽区和不生羽毛的裸区，可以使鸟儿飞翔得更好，更集中使用肌肉的力量。鸟羽按结构和功能分为正羽、绒羽和毛羽3类。正羽为被覆在体外的大型羽片，鸟的翅膀和尾部均着生正羽，分别称为飞羽和尾羽，它们参与构成鸟体飞翔器官的一部分。覆羽也是正羽的一种。绒羽呈棉花状，构成松软的隔热层。毛羽外形如毛发，杂生在正羽与绒羽之间。鸟羽是表皮细胞所分生的角质化产物，与爬行类的鳞片是同源的。

鸟的前肢变为翼，双翼是鸟类飞翔的工具。除两翼以外，鸟的尾羽可帮助支持与平衡身体，并可行使舵的作用，随时调节飞行速度和更换飞行方向。

鸟类骨骼系统显著特色，主要表现在：骨骼中空而充气和许多骨骼相互愈合，因此骨架轻而坚固；胸骨特别发达，善飞的鸟类胸骨具龙骨突起，以增大胸肌的固着面，而不善飞的鸟类胸骨扁平；愈合荐骨是鸟类特有的结构，它是由少数胸椎、腰椎、荐椎以及一部分尾椎愈合而成，而且又与宽大的骨盆相愈合，使鸟体获得坚实的支架；鸟类尾骨退化，最后几枚尾骨愈合成一块尾综骨，以支持扇形的尾羽。鸟类脊椎骨的愈合以及尾骨退化，使躯体重心集中在中央，有助于在飞行中保持平衡。

鸟类呼吸系统十分特化，主要表现在具有非常发达的与肺气管相连通的气囊系统。气囊广布于内脏、骨腔以及某些运动肌肉之间。气囊的存在使鸟类形成独特的双重呼吸方式，这就是鸟儿每呼吸一次，空气两次经过肺，在肺里进行两次气体交换。双重呼吸提高了气体交换的效率，供给鸟类充足的氧气。这种特点是与飞翔生活所需的高氧消耗相适应的。气囊除辅助呼吸以外，还有助于减轻身体的比重，减少肌肉间以及内脏间的摩擦，并作为快速热代谢的冷却系统。

飞行需要消耗大量的能量，因此鸟类具有食量大、消化能力强的特点。它们有嗉囊起贮存和软化食物的作用；胃分腺胃（前胃）和肌胃（砂囊）两部分，腺胃分泌消化液消化食物，肌胃壁有发达的肌肉，内壁上有一层坚韧的角质膜，胃腔内存有吞入的砂粒，协助胃壁肌肉一起磨碎食物；鸟类肠道短，直肠短或无，粪便无处存储而随时排出体外，有利于减轻体重。

循环系统中心脏分为四腔（两个心房、两个心室），一个右方的大动脉弓，这和哺乳动物具有左大动脉恰恰相反，左、右心室分隔完全，因此动脉多氧血和静脉缺氧血完全分开，使鸟体的组织和器官能够获得充足的含氧血。心脏容量大，心跳频率快，动脉压高，血液循环迅速，新陈代谢旺盛，能够维持高而恒定的体温。

鸟类的神经系统和感觉器官比爬行类动物进一步完善，这是鸟类复杂的本能活动和"学习"的中枢。鸟视觉器官很发达，眼球较大，适于远视且调节力强；听觉次之；嗅觉退化。这些特点与飞行生活都有密切联系。

鸟类的繁殖较爬行类完善得多，主要表现在具有筑巢行为，产卵于巢内，卵大而有坚硬的卵壳保护；亲鸟有孵卵和抚育幼雏的本能，保证后代有较高的成活率。

此外，鸟类没有牙齿，是以角质喙来啄取食物的；鸟类膀胱退化，雌鸟缺右边的卵巢和输卵管，卵相继形成且在体内停留时间很短。这些结构特点均有减轻体重、适应飞翔的意义。

全球鸟类有9000多种，是陆栖脊椎动物中种类最多、分布最广的一个类群。

十三、哺乳类——身体有毛、哺乳幼兽的动物

哺乳动物是脊椎动物中结构、功能最复杂的一个高等动物类群。

身体有毛是哺乳类形态上独有的特征，对维持体温恒定意义重大。毛分为针毛（刺毛）、绒毛和触毛。少数哺乳动物的毛退化；也有的变成刚毛和刺。皮肤衍生物除毛以外，还富有各种腺体，主要为乳腺、汗腺和皮脂腺。

哺乳类具有高度发达的神经系统，特别是作为高级神经活动中枢的大脑皮质以及感觉器官的完善，使它们能够协调复杂的机能活动和适应多变的环境条件。哺乳动物的繁殖方式达到高度的完善。其中，除单孔类（如鸭嘴兽）是卵生外，均为胎生；除有袋类（如大袋鼠）以外生育均有胎盘。所有哺乳类

无例外都以乳汁哺育幼仔，保证后代有较高的成活率。

哺乳类的头骨容积较大，这一特点是和脑的发达相关的。枕骨具有两个枕髁，附肢为典型的五趾型。除少数种类外，绝大多数哺乳类的上

△ 哺乳类动物

下颌都长有牙齿，属于槽性齿和异型齿，分化为门齿、犬齿、前臼齿、臼齿4种，它们形状不同，分别适于切断、撕裂、咀嚼或磨碎食物。齿型和齿数在同一种类是稳定的，而在不同种类是有差别的，可作为分类上的依据之一。大多数哺乳类的牙齿有乳齿与恒齿之分，乳齿在一生中脱换一次或多次。

哺乳动物新陈代谢的旺盛是与呼吸系统的发达和循环机能的完善相联系的。空气经外鼻孔、鼻腔、喉、气管而入肺。肺具有大量肺泡，呼吸表面十分巨大，可使血液迅速充满氧，加强气体代谢。心脏分为四室，左大动脉发达，具备完善的双循环，机体新陈代谢水平高，并能够维持高而恒定的体温，减少对环境的依赖性。

哺乳类还具有声带和膈。膈是肌肉膜，它把体腔分隔为胸腔和腹腔。心脏和肺等器官在胸腔内，胃、肝、肠等器官在腹腔内。膈是哺乳类特有的结构，对于呼吸和消化都有帮助。除单孔类（如鸭嘴兽、针鼹）以外，肛门与生殖孔分别单独开口于体外。

本类动物全世界现存约4200种，分布几遍全球，广泛适应于多种生态环境，陆地树栖的如金丝猴、长臂猿、黑猩猩等，奔走生活的如野牛、野驴、麋鹿等，挖洞穴居的如田鼠、黄鼠、穿山甲等，飞翔生活的如蝙蝠等，水栖的如虎鲸、白鳍豚、海豹、海牛等。

功能不同的植物六大器官

六大器官是指根、茎、叶、花、果实、种子。但并不是所有的植物都具有这些器官。最低等的藻类植物如衣藻、眼虫藻，以及我们所熟知的海带、紫菜等，都没有这些器官的分化；比藻类植物高等一些的苔藓植物（夏天在阴湿的地面和墙壁上常密集生长）虽具有茎和叶，但没有真正的根，茎叶里没有输导组织，真正的根应具有吸收水分和养料的作用，而苔藓的根主要起固着植物体的作用，如同海带、紫菜的根状物一样；更高等的蕨类植物，如蕨（俗称蕨菜）贯众（中药）、满江红（俗称浮萍）等，具有真正的根、茎、叶的分化，但尚无花、果实、种子的存在；只有最高等的植物——种子植物，根、茎、叶、花、果实、种子六种器官才真正齐备。相对于种子植物，其他植物则大多为孢子植物，因为它们是靠孢子（一种脱离母体后能直接或间接发育成新个体的单细胞或少数细胞的繁殖体）繁殖下一代。

自然界中的种子植物最为常见，松柏桃梨五谷瓜蔬皆属此类。不过，松柏与桃梨等又有差异：松柏的种子是裸露的，外面没有果皮包被着，属于裸子植物；桃梨的种子不裸露，外面有果皮包被着，属于被子植物。被子植物的种类比裸子植物要多得

△ 裸子植物

多。在地球上大概30多万种植物中，被子植物就占20多万种。因此对它展开讨论，就最具代表意义。

以被子植物为代表的多细胞的植物体（也包括多细胞的动物体）的每一器官，都是由多种组织按照一定次序组合起来行使一定功能的结构，而组织又是由许多细胞组合起来的能行使一定功能的结构。

被子植物的根、茎、叶与营养有关，所以称为营养器官；花、果实、种子与生殖有关，所以称为生殖器官。营养是生殖的基础，生殖是生命的延续，因此生命才能生生不息。

一、根——固定和吸收的器官

根的功能是把植物固定在土壤中，并从土壤中吸收水分和无机盐。不过，具有吸收功能的只是根尖部分。

根尖是从根的顶端到生有根毛的一段。根尖由4个部分组成，从顶端向上依次是根冠、分生区、伸长区和成熟区。

根尖的顶端为根冠，这里细胞比较大，排列不够整齐，像一顶帽子似的套在外面，具有保护作用。

分生区被根冠包围着，细胞很小，排列紧密，细胞壁薄、核大，细胞质浓，有很强的分裂能力，能够不断地分裂出新细胞。因此，分生区属于分生组织。

伸长区的细胞逐渐停止分裂，开始迅速伸长。这里是根伸长最快的地方。根的长度能够不断延长，就是因为这里的细胞能够伸长和分生区细胞能够分裂的缘故。这里的细胞还能够吸收水分和无机盐。

成熟区的细胞不再伸长，开始分化：表皮细胞的一部分向外突出，形成根毛。成熟区生有大量的根毛，使表皮细胞的吸收面积大大增加，因此，这里是吸收水分和无机盐的主要部分。

在成熟区及其上部，根内部一些细胞的细胞质和细胞核逐渐消失，这些细胞上下连接，中间失去横壁，形成了中空的长管，叫做导管。根吸收进来的水分和无机盐，通过它向上输送到茎、叶等器官。

成熟区以上直到茎的基部，根毛脱落，失去吸收功能。但是内部的导管增多，加强了输导水分和无机盐的功能。

二、茎——输导和支持的器官

植物的主干和侧枝都称为茎。茎有输导和支持作用。木本植物的茎较为坚硬，草本植物的茎较为柔韧。

木本植物的茎从外到内依次是树皮、形成层、木质部和髓；草本植物的茎从外向内依次是表皮、机械组织、薄壁细胞和维管束。

三、叶——光合作用的器官

各种植物叶形态多种多样，但是叶的组成和叶片的结构是基本相同的。

一片完整的叶由叶片、叶柄、托叶3部分组成。叶片大都宽阔而扁平，适于接受阳光的照射，但生活在干旱地区植物的叶片大都变小或成为线状、披针形，有的甚至退化，这与减少水分的蒸腾有关；叶柄支撑着叶片，并把叶片和茎连接起来；托叶保护幼叶（有些植物没有托叶）。

组成叶的3个部分中，叶片最适于接受阳光的照射，它是叶的主要部分。

四、花——形成果实和种子的器官

各种植物的花尽管形状、大小、颜色不同，但它们的结构却是基本相同的，包括花柄、花托、花萼、花冠、雄蕊和雌蕊6部分。雄蕊和雌蕊合称花蕊。

花柄连接茎和花，花托上面着生花的各部分。花萼由许多萼片组成，在花开放前保护花的内部结构。花冠由许多花瓣组成，花开放以前保护花的内部结构，花开放以后靠美丽的颜色招引昆虫传粉。花萼和花冠合称花被。

雄蕊由花药（里面有花粉）和花丝（支持花药）组成。雌蕊由柱头、花柱和子房组成。子房里有胚珠。花粉落到柱头上以后，经过受精等作用子房发育成果实。果实包括果皮和种子，果皮是由子房壁发育成的，种子是由胚珠发育成的。

一朵花中只有花蕊与果实和种子的形成有直接关系。所以说，花蕊是一朵花的主要部分。

有些植物，如桃树、枣树、油菜、大白菜的花，子房的基部生有小突起，这叫蜜腺。花蜜就是由它产生的。

许多植物花花瓣的一些细胞还能分泌出具有芳香气味的物质。这样的物质容易挥发成气体，从而使花散发出香气。

花瓣的美丽颜色和香气，蜜腺产生的花蜜，都能招引昆虫前来帮助传送花粉。

五、果实——包被种子的器官

我们食用的农产品，很多是植物的果实。苹果、葡萄是果实，葵花子、豆角是果实，玉米、小麦的子粒也是果实。

果实与其他器官一样，也是由不同的组织按照一定的次序组合起来的结构。比如番茄，最外层的表皮起保护作用，属于保护组织。表皮以里是含有丰富营养物质的果肉，果肉中还有一些"筋络"，则属于另一种组织。所有这些组织的有序联合便构成了与生殖后代有关系的器官——番茄果实。

六、种子——含有新植物幼体胚的器官

各种植物的种子，尽管形状、大小、颜色各不相同，可是它们的结构却是大致相同的。以菜豆种子为例，它由种皮和胚两部分组成。胚又由子叶、胚芽、胚根、胚轴组成。胚是新植物的幼体，是种子的主要部分。种皮坚韧，可保护种子的内部结构。在凹陷一侧的种皮上，有种脐和种孔。种脐是种子成熟后脱离种柄（珠柄）或胎座在种皮上所遗留的痕迹。种孔即萌发孔，种子萌发时，胚根从这里长出。种孔也是种子萌发时的进水孔。

被子植物的根、茎、叶、花、果实、种子六种器官，彼此分工协作，相互联系，使植物体成为一个统一的整体。首先从结构上看，一个植物体内的各个细胞并不是孤立的，而是

△ 包被种子

靠胞间联丝（穿越细胞间邻接的细胞壁的细丝）与周围的细胞保持着生理上有机的联系，尤其在有机物的运转上成为统一的整体。

不仅如此，须知茎里上上下下贯穿着维管束（木本植物的韧皮部、形成层、木质部合起来就称维管束），而且在根的成熟区及其以上部分和叶柄、叶脉里，也都贯穿着维管束；在花柄和花冠、果柄和果肉、种子与果皮相联结的种脐里，也同样有维管束贯穿着。我们在用豆角做菜以前，常常要撕掉豆角两侧坚韧的"筋"，那就是果皮上的维管束；橘瓣上的丝络、丝瓜的瓤等，也都是分布在果实里面的维管束。

如此看来，植物体里面的维管束，好比人体里面的骨骼和血管，它们不仅贯穿于躯体的主干，而且还延伸到各个末梢部分，起着支持和输导的作用。由于维管束的存在，植物体的六种器官就更进一步地联系成为一个整体了。

再从功能上看，植物体六种器官的生理功能同样是密不可分的。根通过吸收作用吸取土壤中的水分和无机盐，茎通过输导作用，将根吸收的水分和无机盐运输到叶。叶利用根吸收的水分和空气中的二氧化碳，在阳光的作用下，通过光合作用制造有机物。茎又将叶制造的有机物运输到根，供其利用。茎还将根和叶提供的营养物质运输到花、果实和种子，为生殖下一代做好营养储备。这是六大器官相互联系的一条主线。由此足见，植物体是一个功能统一的整体。

不过，这只是问题的一个方面。经验告诉我们，如果一棵植物的根、叶、茎生长不良，它开花结果肯定不会多；相反，如果叶、茎的生长过于旺盛（俗称"疯长"），它开花结果也多不了。只有叶、茎的生长壮而不"疯"，它才能多开花、多结果。俗话说，"红花还需绿叶衬"。从营养的意义上说，也确实如此。如果没有"绿叶"就不可能开出"红花"；如果只有"绿叶"而不开"红花"，生殖下一代也就无从谈起。营养器官的生长叫做营养生长，生殖器官的生长叫做生殖生长。可见，营养生长与生殖生长不但是互相联系的，而且是互相依存的。从这一点更可以看出，植物体确乎是一个整体。

当人们栽培作物时，按照不同要求采取不同的措施，就是考虑到植物体在功能上是一个整体的缘故。对于需求开花的植物如花卉、瓜果、棉花、稻麦及番茄、茄等蔬菜，就要使茎、叶长得壮而不"疯"，以使其多开花、多结果。对于只要根、叶、茎无需花和果的植物如甘蔗、茶树以及莴苣、菠菜等，就要促进根、叶、茎的生长，限制开花结果，以免由此而白白浪费营养物质。有人做过实验，初冬去除泡桐树的花蕊，其生长速度比不去除花蕊的植株明显加快。

需要说明的是，有些植物不仅生殖器官能繁殖新个体，其营养器官也能繁殖。如葡萄、月季等常用扦插枝条的方法繁殖；苹果、梨、桃树等用嫁接的方法繁殖；夹竹桃、桂花、石榴等扦插不易成活的植物，则常用压条的方式繁殖；枣树等则多采用促其根生芽的方法进行繁殖；有些植物的叶子在自然状态下也能萌生新根，每片这样的叶子就能发育成一个新个体。

植物的有性生殖

在植物类群中，被子植物的有性生殖过程是最为复杂而又完善的。现以被子植物为例说明植物的生殖与发育过程。

花是被子植物特有的有性生殖器官，是形成雌、雄生殖细胞和进行有性生殖的场所。被子植物通过花完成受精、发育、产生种子等一系列的有性生殖过程，繁衍后代，延续种族。

一、花粉粒的形成和发育

花药里有一些较大的孢原细胞。孢原细胞经有丝分裂形成两层细胞，外面的一层为周缘细胞，经分裂后与外面的表皮组成花粉囊的壁。里面的一层为造孢细胞，经多次有丝分裂，产生大量的花粉母细胞或小孢子母细胞。每个小孢子母细胞（2n）发生减数分裂产生4个单倍体的小孢子（n）。小孢子再经一次有丝分裂产生一个大的营养细胞和一个小的生殖细胞，营养细胞的细胞质富含营养物质，供花粉粒继续发育之用。生殖细胞无细胞壁，埋在营养细胞之中，利用营养细胞的营养物质供应分裂成2个细胞，即雄配子（精子）。至此，形成了一个含有3个细胞的成熟花粉粒，即雄配子体。小麦、玉米等植物的花粉粒都含有3个细胞。棉花、百合等植物的花粉粒只含有2个细胞，这是因为它们的生殖细胞不分裂，要等到花粉粒传到柱头上才分裂成2个精子。

二、胚囊的形成和发育

在近珠孔端的珠心表皮下分化出一个细胞核很大、细胞质很浓的孢原细胞。孢原细胞或直接发育为大孢子母细胞，或横分裂成2个细胞。上面的一个参加到珠心的基本组织中，下面一个成为大孢子母细胞（胚囊母细胞）。大孢子母细胞经减数分裂，产生4个单倍体细胞，其中顶端靠近珠孔的3个细胞退化，最里面的一个细胞发育成单倍体的大孢子。大孢子在珠心内逐渐长大，细胞核连续分裂3次，形成具有8个单倍体核的胚囊，或称为雌配子体。这8个核或7个细胞分别排列在靠近孔的一端和相反的一端，每端4个。两端各有一核移向细胞中央，共同组成含有2个核的中央细胞，即极核。留在珠孔一端的3个核也各自围以细胞质而成为3个细胞，其中一个较大的是卵细胞，是雌配子，另外2个较小的称为助细胞；相反一端的3个核也发展为细胞，称反足细胞。

胚囊中各细胞在卵细胞的发育中都有重要作用。极核形成胚乳，为胚的发育提供养料。助细胞一方面可能将吸收的营养物质输送给卵细胞，另一方面可能还能分泌某些向化性的物质，促进花粉管向胚囊内延伸。反足细胞可能有运输物质的功能。

三、开花与授粉

当植物生长发育到一定阶段时，花粉粒和胚囊成熟，花冠展开，雄蕊和雌蕊露出，这种现象称为开花。植物开花有一定的时间，多数植物在晴天的早晨开花，如蔷薇；也有的中午开花，如水稻；个别植物在夜间开花，如昙花。

雄蕊的花药裂开，成熟的花粉在水、风、昆虫等外界条件的作用下被送至雌蕊柱头上的过程称为传粉。传粉是开花植物有性生殖的一个必要环节。

1.自花授粉和异花授粉。自花授粉是指同一朵花中雄蕊的花粉粒落在雌蕊柱头上的过程。如豆类、番茄、小麦等是自花授粉植物。异花授粉是不同植株之间的授粉，或同一株不同花之间的授粉过程，如瓜类、苹果、玉米等植物。异花授粉是被子植物有性生殖中较为普遍的一种授粉方式。

2.风媒传粉和虫媒传粉。植物往往借助风、水、昆虫、鸟等媒介进行传粉。依靠风为传粉媒介的植物称风媒植物，如核桃、松、杉、银杏等，他们的花被称为风媒花。风媒花的特点是花朵较小，颜色不鲜艳，没有蜜腺，没有香味，不能吸引昆虫传粉，只能靠风把花粉送到柱头上。同时风媒花的柱头一般较大，成羽毛状，开花时伸出花被，以增加接纳花粉的机会。借助昆

△ 花粉传递

虫（如蜂、蝶、蛾）和其他动物（如鸟、蝙蝠等）为传粉媒介的植物为虫媒植物。向日葵、瓜类、油菜、泡桐等都是虫媒植物，它们的花称为虫媒花。虫媒花的特点是大而色彩艳丽，有蜜腺，有香味或其他气味，能够吸引动物传粉。另外虫媒花的花粉粒较大，表面粗糙有黏性，易黏附于前来采蜜的昆虫体上而被传播。

四、花粉的萌发和受精作用

1.花粉的萌发。活的花粉粒落在雌蕊的柱头上，很快就开始相互识别的作用。识别分子是花粉壁中的外壁蛋白——糖蛋白分子，柱头表皮覆盖的一层蛋白质薄膜是识别作用的感受器。花粉粒与柱头接触后的几秒之内，便可发生糖蛋白分子与蛋白质薄膜的相互作用，只有同种植物之间才能亲和。如果二者是亲和的，随后花粉内壁释放的角质酶前体被蛋白质薄膜活化，将蛋白质薄膜下的角质膜溶解，花粉管穿入柱头，继续发育。如果不是亲和的，花粉即使落在柱头上，也会被柱头细胞排斥，也不能萌发；即使长出花粉管，也不能穿过柱头进入花柱。

2.双受精过程。花粉粒和柱头之间经历识别作用后，被"认可"的亲和花粉粒在柱头物质的激活下，萌发出花粉管，穿入柱头进入花柱，沿着花柱进入子房，最后从胚珠的珠孔进入胚囊（雌配子体），释放出1个营养核、2个精细胞和花粉管物质。如果是2个细胞的花粉粒，就在此分裂一次产生2个精子而进入花粉管。花粉管进入胚囊后营养核消失，2个精细胞其中的1个与卵细胞融合成2倍体的受精卵，以后发育成胚；另1个与中央细胞的2个极核融合而成三倍体（3n）的胚乳核，以后发育成胚乳，这就是双受精作用。双受精作用是被子植物有性生殖中特有的一种现象。

五、种子和果实

被子植物的花经过传粉、受精之后，子房和胚珠继续发育成种子和果实，花的其他部分逐渐萎蔫、脱落，三倍体的胚乳核继续发育成胚乳。

1.胚的发育。胚的发育从受精卵（合子）开始。受精卵（合子）经一段时间的休眠，便开始进行分裂、分化、生长而发育成胚。很多双子叶植物的胚乳在胚的发育中逐渐消失，所含养分一部分供胚发育，另一部分储存在子叶中，使子叶大而肥厚，如菜豆、花生等。单子叶植物的种子中大部分都有胚乳，胚占一小部分。

2.种子和果实。胚珠发育成种子，珠被发育成种皮。有些植物的种皮是肉质的，如石榴外面的可食部分、裸子植物的外种皮等。胚珠在发育成种子的过程中，能分泌物质，刺激包在胚珠外面的子房发育成果皮。果实就是由果皮和种皮组成的，有些植物果实的形成除了子房外，还有花的其他部分参与。如，苹果和梨可食用部分来自花托和花被，草莓的食用部分是花托，西瓜的肉质部分是由子房和花托共同发育而来的。

有些植物不受精也能结实，但果实中不含种子，如香蕉、无子葡萄等。人们在栽培瓜果类植物时，也能采用一些方法诱导植物只形成果实而不形成种子，如无子西瓜、无子番茄等。

植物的种子成熟后，可通过不同的方式和途径进行传播，如水运传播、附在人和动物身上携带传播等。

动物的生殖

动物的生殖包括无性生殖和有性生殖两大类，但大多数动物为有性生殖，其生殖过程随动物的进化而逐渐复杂。原生动物的无性生殖普遍是二分裂，其次还有出芽生殖（夜光虫）和裂殖（孢子虫），有性生殖有配子生殖（孔虫）和接合生殖（草履虫）。腔肠动物的无性生殖主要是出芽或横分裂生殖，有性生殖很普遍，它们的生殖系统已经有了精巢和卵巢的分化，但是雌雄同体，有的种类在生活史中有世代交替现象。扁形动物（如涡虫）虽然也是雌雄同体，但生殖器官不仅完善而且比较发达，有固定的生殖腺、附属腺和生殖导管，能够进行交配和体内受精。环节动物开始出现性腺（如前列腺），雌雄同体（环毛蚯蚓）或雌雄异体（沙蚕），体外受精，有的种类有交配的现象。软体动物多为雌雄异体，只有少数是雌雄同体，但异体受精一般为卵生，只有少数种类（如田螺）为卵胎生。节肢动物的生殖器官进一步完善为雌雄异体，且体内受精，但蔓足类及部分寄生足类仍是雌雄同体，生殖方式有卵生、卵胎生、孤雌生殖等。脊椎动物都是雌雄异体，鱼类和两栖类是体外受精；爬行类、鸟类和哺乳类均为体内受精。在脊椎动物中，哺乳动物的有性生殖最为完善，下面以人为例介绍动物的生殖过程。

一、雄性生殖系统

男性的生殖系统主要由睾丸、附睾、输精管、储精囊、腺体、阴茎等器官组成。

1.精子的发生。睾丸是产生精子的器官。睾丸内含有1000条左右的精曲小管，精曲小管中有精原细胞和支持细胞，精原细胞是产生精子的细胞，支持细胞一方面能为精子提供营养和吞食残余细胞质，另一方面能分泌抑制素。精子的产生过程分为生殖期、生长期、成熟期、成形期4个时期。

2.雄激素。雄激素是睾丸各精曲小管之间的间质细胞分泌的，其中最重要的雄激素是睾酮。雄激素的作用主要是刺激雄性生殖器官和精子的发育与成熟，刺激并维持第二性特征。雄鸡的冠、孔雀的"屏"、男性的胡须、凸出的喉头、粗大的声音、发达的肌肉等都是第二性特征。

如将动物阉割可使动物不发生第二性特征，而朝雌性发展，性格温顺并迅速成长。所以在畜牧业中阉割技术早已被人们使用，由此增进畜牧业的发展。

二、雌性生殖系统

雌性生殖系统是由1对卵巢、输卵管、子宫、阴道及附属腺构成的。

1.卵子的发生。卵巢是产生卵子的器官。卵巢是由皮质（卵巢外层）和数目繁多、处于不同发育阶段的卵泡组成。卵泡是一个较大的初级卵母细胞，初级卵母细胞的外围是卵泡上皮，其作用是给卵细胞提供营养物质，同时还有分泌雌激素的功能。卵子的发生分为增殖期、生长期和成熟期，没有成形期。

2.排卵和发情。哺乳动物的排卵、受精、受孕发生在发情期。发情期依动物的种类不同而分为3种类型：（1）有固定的发情期，野生动物每年有一个发情期，而家养的猫、狗每年有两个发情期；（2）无固定的发情期，大多数哺乳动物的雄性没有固定的发情期，随时产生精子，一旦雌性发情，即可交配；（3）雌雄两性同一时间发情，如鹿、鲸、海豹等动物。

人没有固定的发情期。男人性成熟后持续终身排精，女人则是周期性排卵。女子从十二三岁性成熟后就开始出现月经，排卵，持续到50岁左右，然后月经停止，排卵也停止，生殖能力终止。发情和排卵都是性激素控制的。

3.雌激素。卵巢除了产生卵子外还有分泌雌性激素的功能。若切除卵巢，动物就不能性成熟，不能发情，不能出现第二性征，如皮下脂肪不能增厚、乳腺不能肥大、骨盆不发达等。若再植入卵巢，第二性征可能会重新出现。

卵巢分泌的雌性激素有：（1）雌激素，性成熟之前能促进第二性征的发育，性成熟之后能刺激子宫壁的生长，使子宫壁增厚，为植入受精卵做准备；（2）孕酮，是黄体分泌的激素，能使子宫内膜进一步发展，便于受精卵植入，孕酮还能促进乳腺发育。

4.月经周期。女性在十二三岁时开始性成熟，腺垂体分泌LH和FSH的量增多，开始出现月经。每个月经周期大约28d，是从出血第一天算起到下一次出血为止，其中4～5d是出血期。月经周期所发生的一系列生理变化是受激素调控的，腺垂体分泌性激素的活动受下丘脑控制，所以下丘脑是内分泌系统的最高指挥中心。

三、受精过程

1.体外受精。体外受精是雌雄两性动物把卵子和精子同时排出体外，卵子和精子在外界环境中完成受精过程，沙蚕、海胆、鱼类和蛙类都是体外受精。体外受精的特点是需要大量的精子和卵子，主要是为了保证受精量和存活量。当精子游到卵子表面时，精子的顶体释放水解酶将包被在卵子最外层的胶状厚膜溶解，同时还释放一些特殊的蛋白质分子覆盖在精子前端伸出的突起上，使突起与卵黄膜上的受体分子结合，从而穿过卵黄膜与卵子的质膜融合，然后精子核入卵，精子尾遗留在卵子外面消失。

2.体内受精。很多动物，特别是陆生动物都是体内受精，如爬行类、鸟类和哺乳类。体内受精大大提高了受精效率。体内受精时，精子只有进入雌性的生殖道，在生殖道分泌物的刺激下，才能与卵融合。哺乳动物的卵外面有一层称为透明带的糖蛋白外衣，精子游向卵，与透明带中的糖蛋白受体结合，打开精子入卵的通道。精子的核从通道进入卵，其余部分留在卵的外面，若偶尔入卵，结果最终还是消失。各类动物的精子进入卵的时期是不同的；海胆的精子入卵是在卵母细胞两次分裂完成后；人和哺乳动物的精子入卵是在次级卵母细胞处于第二次减数分裂的中期，精子入卵后，次级卵母细胞才完成第二次减数分裂。

四、胚胎发育

胚胎发育是动物在卵膜内或在母体内发育的过程。各类群的动物由于进化地位和生存环境不一样，胚胎发育各有不同，但脊椎动物的发育过程都是相似的。

1.卵裂。受精卵经若干次有丝分裂而形成一定数目细胞的过程称为卵裂。卵裂所形成的细胞称为分裂球。卵裂与普通的有丝分裂不同，其分裂球本身不生长，分裂次数越多，分裂球的体积越小。卵裂的类型与卵黄的含量及分布有关。卵黄少而分布均匀的卵，分裂面可将卵完全分开，称为全裂；卵黄多而集中分布的卵，阻止分裂面将卵完全分开，称为偏裂。

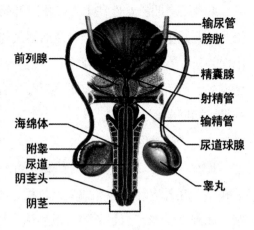

△ 动物生殖结构图

2.囊胚。幼胚继续分裂，当细胞数目达到18~256个时，细胞开始向表面迁移，并排列成一单层，中央是充满液体的腔，这时的胚胎为囊胚，囊胚中间的腔称为囊胚腔。囊胚期的细胞增至上千，但大小仍和受精卵相似，并分为动物极和植物极。动物极呈圆球形，细胞小；植物极略为扁平形，细胞大。

3.原肠胚。囊胚发生后，细胞分裂速度减慢，胚胎开始分化。文昌鱼囊胚的植物极表面细胞向囊胚腔逐渐凹入，使囊胚腔渐渐缩小、消失，并与动物极细胞靠近，形成一个有两层细胞构成的原肠胚，形状像双手拇指把一个气不足的皮球向内按压，使相对的内表面相接触。表面的一层叫外胚层，按在里面的一层叫内胚层，拇指所占的腔可比做原肠腔，原肠腔有一个开孔称胚孔。文昌鱼的胚孔位于胚的后端，将来发育成肛门，与胚孔相反的前端将来发育成头部。位于背部的是脊索和中胚层的前身，称脊索中胚层。

4.神经胚的发生。在原肠胚后期，原肠胚背部的外胚层扁平，中央略下降为神经板。神经板两侧由后向前出现两条纵褶为神经褶，神经褶向上、向中央在背中线合并，形成神经管，神经管向下沉入胚胎内部，被其余的外胚层覆盖，神经管前端膨大为头，后端为脊髓。

5.中胚层发生和体腔形成。中胚层发生的方式随不同动物而不同。在文昌鱼神经管形成的同时，内胚层细胞背部的脊索中胚层中央部分发育成脊索。

脊索两侧部分细胞增生，向外凸出成为从前到后的一系列囊泡和细胞团，它们脱离内胚层，形成中胚层，中胚层包裹的腔为体腔。蛙、蟾等两栖类动物，背唇下面凹入的细胞发育成脊索和中胚层，植物极细胞发育成内胚层。

6.器官发生。动物的器官发生比较复杂，这里只介绍其轮廓：外胚层发育成皮肤的表皮及其衍生物，还有神经系统；内胚层将来发育成消化管、肝、胰、肺等器官的上皮；中胚层将来发育成皮肤的真皮、骨骼、肌肉、脊柱、血管、心脏、泌尿生殖系统等。

五、幼体产出的方式

1.卵生。受精卵在母体外独立进行胚胎发育，幼体形成时直接从卵中孵出，胚胎发育所需要的营养由卵黄供给。

2.胎生。受精卵在母体的子宫内发育，发育到与成体的形态相似时才离开母体，胚胎发育所需要的营养通过胎盘从母体获得。绝大多数哺乳动物都是胎生。

3.卵胎生。受精卵在母体内发育，胚胎发育的营养由卵黄供给，胚胎发育到跟成体的形态相似时才从母体产出，如鲨鱼等。

六、胚后发育的类型

1.直接发育。幼体不论从卵膜孵出还是从母体内产出时，其形态构造和生活方式，与成体相似，只是通过生长发育和性成熟而改变身体各部分比例。鱼类、爬行类、鸟类、哺乳类动物等都是直接发育。

2.间接发育。幼体从卵膜内孵出时的形态构造及生活方式，与成体有很大差异，必须进行变态才能与成体相同，这种胚后发育的类型为间接发育类型。间接发育又包括完全变态和不完全变态两种类型。

动物在胚后发育过程中经卵、幼虫、蛹、成虫4个时期的变态过程称为完全变态，昆虫中的蜂、蚁、蝶、蚕、蚊、蝇的发育都属于完全变态。动物在胚后发育的过程中经卵、幼虫而发育为成虫（无蛹阶段）的变态过程称为不完全变态，如蝗虫、蟋蟀、蝼蛄、蜻蜓、豆娘等属于不完全变态。

3.人的胚后发育。婴儿初生时，牙齿、生殖器官等都没有长成，身体各部分比例和成人有很大不同，如头大腿短等。经过约20年的生长发育，才能逐渐达到成人的水平。

七、衰老

动物在衰老的过程中，许多结构功能会发生一系列的退化和变化，新陈代谢速率逐渐降低。一个36岁的男人活到75岁时，肾脏功能降低，其肾小体约减少44%，肾小体滤过率约减少31%；脊神经的神经元数量约减少37%，神经传导速度约慢10%；脑的供血量约减少20%；肺活量约减少44%；味觉约失去64%。此外，驼背、腰弯、牙齿脱落、听力下降、反应迟缓、应变能力衰退、对环境的适应能力下降等现象，都是衰老的象征。

八、死亡

衰老的最后结果是死亡。当人和动物因衰老而各器官功能下降时，内稳态被破坏，整个身体适应生活环境的能力很差，不能维持生命活动的进行，最后某一器官不再执行其他器官赖以生存的功能时，机体死亡。

人和动物死亡时，身体的各组织器官并不是同时死亡，而是某些器官首先衰竭、死亡，其他器官逐渐死亡。人类死亡的临床标志是心脏停止搏动，由于心脏停止搏动，血液循环不再进行，身体各组织器官需要的氧和营养物质无法获得，代谢废物也无法运出体外，因而各组织器官陆续死亡。因缺氧而首先死亡的是神经细胞，皮肤细胞是最后死亡的，人死亡后10小时内的皮肤都可用于医学上的异体植皮。近年来，医学上已经有了人工心脏、人工肾脏取代病变的天然心脏和肾脏，挽救了很多人的生命，即使病人心脏或呼吸停止后，也可以短时间维持组织细胞的供氧，一般在心跳停止30min后，仍可恢复跳动。若神经细胞在心跳停跳期间因缺氧已经受到不可逆的损伤，整个机体就不能复苏，从这个意义上说，脑死亡才是机体的真正死亡。

生物与无机环境的关系

一、水

1.水对生物的影响

在生物体中，水是重要的组成成分，一般植物体内的水分占它自身重量的60～80％。动物体也含有大量水分，如昆虫含水46～92％。就人来说，初生婴儿含水72％，成人含水65％。水是生命活动的必要条件，生物体内的一切生物化学变化都需要水。营养物质和代谢产物都要在水溶液状态下被吸收和运输。水是光合作用原料之一。水在蒸发时要消耗大量的热量，所以它还有调节生物体温和环境温度的作用。同时水对生物也是一个限制因素，特别是对陆生动植物更是如此。

总降水量、雨水的季节分配、湿度及地面水的供应，是限制动植物分布的重要因素。一般来讲，生存在热带和亚热带森林中的各类生物远较干旱地区的种类多。自然界中的许多生物为适应不良的环境而进化出各种防止水分损失的方式。例如，沙漠环境促使一些沙生植物的根系极度发达；为适应干旱，有些植物的叶

△ 水与生物的互动

片演化为硬叶以储存水分；昆虫体表的几丁质壳可防止体内水分的过度蒸发；许多原生动物常产生厚壁的胞囊，防止体内水分的散失，以度过池塘的干涸期；生长在干旱沙漠地区的植物叶片的面积一般较小或退化，其作用也是可以起到减少水分蒸发。

2.水与生物生态类型

根据植物对水分的需求程度，可将高等植物分为4种生态类型：（1）水生植物，即生长在水中的植物，如苦草、睡莲、浮萍、芦苇、满江红等；（2）中生植物，是指生长在中等湿度地方的植物，如常见的森林和草甸植物，它们在一般情况下既不耐旱，也不耐涝；（3）湿生植物，指适于生长在过度潮湿地区的植物，这类植物叶大而薄，有光泽，角质层很薄，根系不发达而位于土壤表层且分支很少，植物细胞的渗透压不高，如秋海棠、灯心草等；（4）旱生植物，是指在干旱环境中生长，能忍受较长时间干旱仍能维持水分平衡和正常生长的一类植物，如仙人掌、夹竹桃等。

根据动物对水分的需求程度，可将动物分为陆生动物和水生动物两种生态类型。陆生动物根据它们对空气湿度和食物中需水程度又可分为比较喜湿和比较喜旱两类；喜湿的包括多数环节动物、软体动物，许多昆虫以及一部分鸟类和哺乳类动物；喜旱的主要包括昆虫、爬行类、鸟类和哺乳类中的一部分或大部分动物。

二、温度

适当的温度是维系生命过程不可缺少的条件之一。温度不仅影响生物的生长发育，也影响生物的分布和数量。外界环境温度对生物的影响，主要体现在积温、极端温度、最适温度和节律性变温上。

1.积温

生物在整个生长发育或某一发育阶段内，高于一定温度数以上的昼夜温度总和，称为某生物或某发育阶段的积温。生物的生长发育与有效积温有极大的关系。当生物正常发育所需的有效积温不能满足时，它们就不能发育成熟，甚至导致生物的死亡。如小麦萌发需要一定积温，鸟类孵化也需要一定积温。

2.极端温度

所谓极端温度是指生物生存温度极限，超过极限生物就会死亡，包括最高温度和最低温度。不同生物所能忍受的高温、低温的极限是不同的。例如：某些嗜热的细菌能忍受89℃的高温。在排除自身组织水分的条件下，某些绦虫、线虫及熊虫可忍受−190℃的低温。

3.最适温度

每种生物都有自己生长的最适宜温度。在适宜温度条件下，生物生长发育较为迅速，生命力较强。当温度不适时，生物就会做出反应，例如有些鱼类和鸟类会出现洄游和迁徙现象，以寻觅最适温度条件的环境。不能找到最适温度条件的生物，则通过增强自身对极端温度的适应度过不良环境，如动物的冬眠和植物的抗冻性反应。

4.节律性变温

一年内有四季温度变化，一天内昼夜温度也不一样，自然界中这种有规律性的变化叫做节律性变温。各种生物长期适应这种节律性变温而能协调地生活着。例如在温带地区，大多数植物春季发芽、生长，夏季抽穗开花，秋季果实成熟，秋末低温条件下落叶，随后进入休眠期。这种发芽、生长、开花、结实、成熟、休眠等植物生长发育的时期叫做物候期。作物的物候期同耕作管理有密切关系。

三、土壤

土壤是植物生长发育基地，因为土壤有供给和调节植物生长发育所需的水分、养分、空气、温度等生活条件的能力，即土壤肥力。土壤是陆生动物的居住地和活动场所。土壤中居住的动物非常多，特别在富含矿质盐和有机物的地方更多。一般在一平方米耕地上，可有上千个无脊椎动物，而在一克土壤内就能生活上百万个原生动物。很多陆生动物在土壤的表面建造巢穴或隐蔽所，用来养育后代或保护自己的安全。

土壤还是微生物生活最适宜的环境，它具有微生物所需要的一切营养物质和进行生长繁殖及生命活动的条件，所以土壤有"微生物天然培养基"的称号。土壤里的微生物的数量最大，类型最多，是人类利用微生物资源的主要来源。如很多产生抗生素的放线菌，一般都是从土壤中分离得到的。

动物对土壤形成具有促进作用，其主要表现在：（1）小型动物在土壤中不断地挖掘和翻动，对土壤的结构、孔隙度及通气性起了一定作用；（2）动物的各种分泌物、排泄物、残骸留在土壤中，为土壤带来了多种有机物，为土壤细菌的生活提供了条件；（3）小型动物对土壤细菌的捕食使得土壤中细菌的种群密度长期处于一个代谢活动旺盛的时期，有利于细菌对土壤的分解。

四、空气

空气对生物的作用，包括空气的化学成分和空气的水平运动两个方面。空气主要由氮气（78%）、氧气（21%）、二氧化碳（0.032%）及其他气体所组成。大气中的氧含量比较稳定，而在水和土壤中，氧的含量变化较大。因此，氧只对陆生植物、水生植物、水生动物和微生物等产生一定的影响。二氧化碳是绿色植物光合作用的重要原料，在高产作物中，生物产量的90～95%取自空气中的二氧化碳，只有5～10%是来自土壤中的矿物质。作物生长盛期需要大量的二氧化碳。当前在作物种植中，主要是通过合理密植、科学套作以及多施有机肥等措施，提高二氧化碳浓度以达到高产的目的。

二氧化碳对脊椎动物和昆虫的呼吸具有调节作用，增加二氧化碳的浓度，会使这些动物呼吸变缓。氮气在空气中含量十分丰富，一般不能被生物直接利用，只有某些光合细菌、固氮蓝藻和豆科固氮根瘤菌等能直接利用空气中的氮气，使之转变成氨态氮，供生物利用。大气污染改变了空气中的化学组成，增加了空气中有毒、有害气体的含量，往往会给人类及其他生物带来灾难。

空气水平运动产生风。风对生物的作用，既有利也有害。风是植物花粉、种子和果实传播的动力，还能促使环境中的氧气、二氧化碳和水汽均匀分布，并加速它们的循环，形成有利于植物正常生活的环境。风力的扩散作用还可降低大气污染物对生物的伤害。但是大风携带的沙粒打击树木，损伤树皮，还能使植物根部暴露，影响生长。强风可使树干弯曲，造成风倒、风折等灾害。在强风盛行的地方，植物常常畸形，形成所谓旗形树。

风还可以直接或间接地影响动物的生活方式、迁移和地理分布。在经常刮强风的地区，鸟类往往很少，只有一些善于飞行的类群，如军舰鸟、信天翁和风雨鸟等才能保留。风对某些小型昆虫的迁飞起着极重要的作用，如稻飞虱、亚洲飞蝗，借助于风，可飞到几百甚至几千公里以外。许多淡水原生动物，当水域干涸时，便进入休眠状态，大风就把它们连同水底沉积物一起刮走，起着传播作用。有些哺乳动物可以通过风带来的气息确定其觅食或配偶的方向。

五、光

"万物生长靠太阳"，说明没有阳光也就没有生命。光是地球上有机物质制造过程中最重要的能量因素。地球上所有生物直接或间接依靠太阳辐射来维持生命。因此太阳光能是地球上的一切生物的能量源泉，但太阳光对动物和植物的影响是不同的。

1.光对植物的影响

光是绿色植物进行光合作用不可缺少的能量来源。只有在光照条件下，植物才能正常生长、开花和结实；同时光也影响植物的形态建成和地理分布。

（1）植物与光照度的关系。根据植物与光照度的关系，把植物分为阳性植物、阴性植物和耐阴植物3种类型。

（2）植物对光周期的反应。植物开花与光照时间长短有关。有些种类在昼短夜长的季节才能开花，例如北方的荠菜、报春花、菊花；有些在昼长夜短的季节开花，例如鸢尾。这种不同长短的昼夜交替对植物开花结实的影响，叫做光周期现象。根据植物对光周期的不同反应，可将植物分为长日照植物（如冬小麦、油菜、萝卜等）、短日照植物（如大豆、水稻、烟草、紫苏、棉花、苍耳等）和中间型植物（例如番茄、黄瓜、蒲公英等）。植物开花要求一定的日照长度，这种特征与其在原产地生长季节的日照长度有关。短日照植物均起源于低纬度地区；长日照植物则起源于高纬度地区；在中纬度地区，各种光周期类型的植物均可生长，只是开花季节不同而已。

2.光对动物的影响

动物与植物不同的是不能直接利用阳光，但光对某些动物的作用仍然很大。例如，高山上的一种茅麻峡蝶，太阳照射后，体温很快增高，然后才开始活动。动物体表的颜色与光的吸收有关。例如，不同颜色的蜥蜴在同样的光照下，深色的比浅色的体温升高得快。不同的动物对光有不同的反应，因而可区分为喜光性动物和避光性动物，前者如水蠊虫，后者如蟑螂。动物的生活节律大都与光照有关，如多数鸟类、灵长类等昼行性动物，白天觅食，夜晚休息；蟑螂、白蚁、蛾类等夜行性昆虫则相反。

六、火

火同温度、阳光、水一样，是一个重要的生态因子。从长远的观点看，人为地排除自然火灾的作用，对许多生物的生存和发展未必有益。生态学家豪斯顿在研究野火对美国黄石公园北部地区的生态作用时发现：最近80年来，由于人们制止了每隔20～25年发生一次的森林大火，使黄石公园的动植物区系发生了很大变化：山杨树的数量减少并且老龄化，大角鹿因缺乏食源，数量随之下降。

豪斯顿建议，为了能放养更多的动物，必须让火把老树烧掉，以便山杨树藥生新枝和使幼苗迅速生长，使大角鹿有足够多的食源，从而促使大角鹿数量的恢复。事实证明豪斯顿的看法完全正确。美国生态学家凯雷研究发现，由火所产生的二氧化碳有利于干旱灌丛地带土壤种子库中休眠种子的萌发，从而为植物群落的更新和演替创造了条件。在我国云贵高原也有耐火植被，如云南西双版纳地区的厚皮树，其叶片不易着火，茎下部的树皮特别厚，侧芽和不定芽萌发力特别强。

七、地形

地形对生物的影响通常是与其他因子一起发生作用的，因为地表形态及海拔高度的不同，常引起光、温度、水、土壤等相应的发生变化。

地形的综合作用，对生物分布的影响是极其显著的。山地由于地形和海拔高度的不同，引起其他各种自然要素发生垂直变化，因而也使生物的分布产生了明显的垂直变化。不同的垂直带分布着不同的生物种类，同时这些种类因其他生态因子的差异，也表现出各自的不同特点。

地形上即使有很小的变化，如一个小丘、洼地、斜坡、南坡、北坡、凸坡、凹坡等，都会影响生物种群的变化。例如草原上的洼地，如果其轮廓是近圆形的，就便可以观察到很多不同的植物群丛，按照不同的高度变成同心圆状的排列。同样地形对动物分布也有影响，例如叩头虫幼虫，在坡度小的斜坡上数量最多，在顶部和低凹处数量明显减少。山地的坡向对生物的生长与活动所产生的影响为大家熟知。南北坡之间植被常常表现出明显的差异，我国秦岭北坡属于黄土高原的景色，而南坡则是郁郁葱葱的亚热带风光。由于植物分布不同，动物分布也会有很大的差别，国宝大熊猫就分布在秦岭南坡。

生物与有机环境的关系

生物的有机环境是指生物与周围生物之间的关系，通常有种内关系和种间关系。

一、种内关系

种内关系中最常见的是种内斗争和种内协作。

1.种内斗争

种内斗争是指同种个体间为了争夺资源、领地、配偶等而进行的生存斗争。在密度过大的植物种群内，个体间为水分、营养物质而发生的争夺；两只雄性梅花鹿为争夺雌性配偶而发生的决斗；雄鸟用歌唱声来驱赶其他雄鸟而保存自己的地盘等，都是种内斗争的例子。生物种内斗争的结果，一方面使参与竞争的个体受损，甚至死亡；另一方面，使群聚过程逐渐完整，并使某些动物种群内形成一定的等级制度。

2.种内协作

种内协作是指同种个体间为了共同防御敌害、获得食物及保证种族生存和延续而进行的相互帮助、相互有利的行为。野牛联合成群，组成防线，用以抵御捕食者的侵袭；狼群的合作可杀死一头牛；白蚁精巧的蚁巢也是工蚁通力合作的结果，这些都是种内协作的例子。种内协作对于种群的生存和繁衍有着极其重要的意义。

二、种间关系

物种之间的关系，除捕食与被捕食的关系外，比较常见的还有竞争、共生、寄生、共栖等。

1.竞争

物种之间由于争夺有限生存条件（如阳光、水分、空间）或生活资源

（如营养、食物）而存在的相互排斥的关系。在缺水条件下，过分密植的不同种植物，竞争阳光和水分，结果对一个种有利，另一个种受到抑制，甚至被逐出分布区。

2.共生

共生是生物之间相互依存的互利关系。共生的双方都能从这种关系中得到好处，如果失去一方，另一方也就不能生存。地

△ 生物之间需要共存生

衣是单细胞藻类和真菌的共生体，藻类进行光合作用，制造养料，大部分供给真菌，真菌吸取外界水分、无机盐和二氧化碳提供给藻类。榕属和对应的榕小蜂是植物与昆虫之间共生的"典范"。

3.寄生

一种生物（寄生物）寄居在另一种生物（寄主）的体内或体表，从那里吸取营养物质来维持生活，这种关系称为寄生。人体内的绦虫、血吸虫、蛔虫，植物中的菟丝子、槲寄生、桑寄生等都是寄生生物。

4.共栖

当两个物种的个体生活在一起，其中一方受益而另一方不受益也不受害的现象，称为共栖。共栖伙伴彼此分离，各自有独立的生活能力。绿毛龟是丝状绿藻与乌龟共栖的结果。

人类能活多少岁

　　人类寿命的极限到底是多少？这是人们最关心的话题之一，科学家们也一直在积极地寻找答案。加拿大渥太华心脏研究中心主席罗伯兹表示，科学家曾认为可能还需要100年，人类的寿命才能延长一倍。但多项研究成果已使科学家相信，这一时间将大幅缩短。他认为，50年内，人类的平均寿命就可达到150岁。

　　另据英国《卫报》近期报道，长期从事人体衰老机制研究的美国南卡罗来纳大学生物医学家瓦尔特·隆哥教授发现，经过基因"修改"的酵母菌，寿命延长6倍！这项试验创造了延长生物生命的最高纪录。相关研究成果刊登在世界著名学术期刊《细胞》杂志上。

　　现在已经发现了细胞的染色体顶端有一种叫做端粒酶的物质。细胞每分裂一次，端粒就缩短一点，当端粒最后短到无法再缩短时，细胞的寿命也就到头了。如果对端粒酶来个"时序倒转"，细胞不就长生不灭了吗？已经取得的成果有：使用纳米技术，老鼠的脑细胞寿命被延长了3～4倍；使用转基因技术，使血管内皮细胞的分裂次数从65次增加到200次以上，突破了"海弗里克极限"（即细胞分裂次数极限为40～60次）。

　　正常人到底能活多少年？不同的学者从不同的视角考察，采用不同的方法所推算出来的年限是不同的。但各种推算结果表明，人类正常的自然寿命都应该在100岁以上。

你有冒险基因吗

在美国曾一度备受推崇的肯尼迪家族，有一种传统性冒险精神，勇于从事"冲动、冒险和拼命"活动。1969年7月18日，爱德华·肯尼迪在一场酒宴之后，驾车坠桥，使同车的年轻女助理柯普珍溺死于车中。约瑟夫·肯尼迪在1973年因车祸造成车内一名女乘客终生瘫痪。1984年，大卫·肯尼迪在度假时，吸毒过量暴毙。麦克·肯尼迪曾与家中未成年小保姆有染，1997年12月31日在科罗拉多州阿斯朋滑雪场意外丧生。后来，小约翰·肯尼迪驾驶飞机一头栽进海中。这个著名家族为何如此多灾多难？对此，以色列遗传学家提出一个新见解：肯尼迪家族的悲剧并非命运所致，而是由一种"冒险基因"造成的。

长期以来，人们一直认为人的性格是由自身经历和周围环境决定的。俗语"近朱者赤，近墨者黑"指的就是这个道理。然而最新的科学证据表明，有些人敢冒风险、追求新奇，至少有一部分原因是他们身上的遗传基因与众不同。

研究发现，人的性格确实和遗传基因有关。世界上有一些人喜欢"寻求新奇"。他们的典型性格是，总想从事一种充满惊奇和风险的运动，如高空钢丝、跳伞、冲浪、滑冰等。在日常生活中，有的人经常重新安排自己房间的家具以求新鲜，有的人渴望"跳槽"，从一种工作岗位换到另一种新的工作岗位。他们为什么敢于冒险，追求新奇？形成这样性格的生理机制和过程又是什么？

在1996年初发行的一期美国《自然遗传学》杂志上，发表了两份研究报告；一份是一群志愿者的问卷式性格调查；另一份是对他们血液进行的基因分析。这两份研究报告，分别是由美国国家癌症研究所所长海姆带领的研究小组与以色列赫兹格纪念医院的理查德·艾泼斯坦博士为首的研究小组提出的。他们指出，那些富有冒险精神和容易兴奋的人，其大脑中的D4DR基因，比起那些较为冷漠和沉默的人来讲，结构更长。以色列研究小组对124个志愿者进行了问卷式调查，美国对315个志愿者进行了问卷式调查。他们向被调查者询问了诸如"有时你是否出自兴奋和冲动去干某件事"等问题，并得出结论，D4DR较长的人在追求新奇上，要比D4DR基因较短的人高出一个等级。

这是因为人体中的D4DR基因含有遗传指令，能够在大脑中构成许多受体。这些受体分布在人的神经元表面，接受一种叫做多巴胺的化学物质。这种物质会持续地激起人们敢于冒险、寻求新奇的欲望。

为了验证上述结论，美国麦吉尔大学教授米勒做了这样的实验：他把新出生的幼鼠分开15分钟，继而在一天中对它们施加6小时的外部压力。结果发现，幼鼠大脑的D4DR基因都发生了变化。他说，那些受到外部压力的幼鼠就像具有较多受体的小狗一样成熟，并有产生过多压力激素的趋向。正常发育成熟的老鼠在受压时通常是不会产生过多激素的。显然，幼时的心理感受，即生理和遗传作用的初期，决定着动物产生"寻求新奇"的大脑受体的多少。

科学家们还发现，D4DR基因有调节多巴胺的功能。多巴胺在人脑中起到化学信使的作用，可使人产生情感和欢乐。较大的基因可形成较长的受体，较长的受体不知不觉会引起人脑中多巴胺的感应，从而使人想要蹦跳、冲动，敢于冒险。

人们常说，"江山易改，禀性难移"，"种瓜得瓜，种豆得豆"。这是说任何生物都能把自己的一特性遗传给后代。

人性格的D4DR遗传基因有着不同的形式。其中，一种比较长，由7个重复的DNA结构序列组成；另一种比较短，只有4个重复的DNA结构序列。D4DR基因较长的人，在敢于冒险、追求新奇方面的得分较高。这些人容易兴奋，善变，激动，性情急躁，喜欢冒险，比较大方。D4DR基因较短的人得分较低。他们比较喜欢思考，忠实，温和，个性拘谨，恬淡寡欲，并注意节俭。即使出生才两周的新生儿，若带有较长的这种基因，对外界的事物也会显示出异常的警觉和好奇。遗传对人的性格的确有不可忽视的影响。

这是人类首次把一些人的性格特征与一个具体的基因明确地联系在一起。

在过去的研究中，人们用基因来解释和治疗遗传疾病，却不能用基因来解释和判定人的性格和气质。现在，新发现的基因可决定人的复杂性格，那么将来科学家可以通过控制基因来转变人的性格和气质，甚至还可能会造出具有某种性格的新人来。

随着分子生物学的发展，人们最终将能精密地绘出显示身高、体重、情感、性格等人体特征的遗传基因图，并能运用生物和医学的手段来控制人的感情，重塑人的性格，改变人的行为。正如纽约大学的尼尔坎教授所说的："新发现的基因，促使一种全新遗传学的诞生，即遗传学不仅能够控制疾病，而且可以在特定的范围内解释人的性格和行为，它有着如此巨大的感染力，可让你对人们身上发生的每一件事从单一的生物学的角度来找出原因。"

不过，遗传对人性格的影响毕竟还是有限的。大量试验数据表明，D4DR遗传基因的长短对一个人是否喜欢坐过山车等冒险行为的影响只有10％。研究人员还设想了另外四五个与多巴胺有关的遗传基因。但是华盛顿大学的心理学家克洛林格认为，任何种类的遗传基因对追求新奇者的性格影响5％。不同的社会环境和场所对于同一种类型的人，能产生完全不同的结果。人的性格、行为就像人的气质一样，最终还是主要靠后天的培养和机会。有些D4DR遗传基因较长的寻求新奇者可以成为一个连续作案的杀人犯，但是在战场上他也可能成为战斗英雄。

总之科学家们相信，大多数人的个性特征是先天和后天两种因素共同影响下形成的，培养良好的性格要从家庭做起，家庭和睦和父母的爱护是孩子们性格健康的基石，只有在良好家庭环境下成长起来的人才会有良好的性格。巴甫洛夫说得好："性格是天生与后生的合金，性格受于祖代的遗传，在现实生活中又不断改变、完善。"

运用 "DNA" 能破案吗

恐怕很少有人没有读过《福尔摩斯探案集》。福尔摩斯足智多谋，断案如神，往往能从一些蛛丝马迹中发现破案的线索，再难的案件，他也能最终解开谜团，揭示真相。然而，福尔摩斯毕竟是小说中虚构的人物。在现实生活中，特别是在福尔摩斯生活的年代，破案手段落后，再高明的神探对有些案件也是无能为力的。但如果福尔摩斯生活在高科技时代的今天，他的破案方式可能会完全不同。

现代侦破单单依靠纯粹的推理也已经很困难了。面对日益狡猾的犯罪分子和越来越复杂的案件，人们把高科技引入到司法实践中。特别是随着DNA技术的投入使用，与大神探福尔摩斯比，现在的侦探在很多方面已是有过之而无不及了。

凶手为了逃脱法律的制裁，会千方百计掩盖证据，不给警察留下蛛丝马迹。如何能够找到证据，将凶手绳之以法呢？指纹破案一度成为警察破案的得力助手。由于各人有各人的指纹特点，全世界60亿人的指纹都各不相同，所以指纹技术的发展确实给刑侦工作带来了很大方便。几十年过去了，指纹不知道帮助警察破获了多少扑朔迷离的案件，使一些蒙冤受屈的人得以昭雪，使罪犯在铁的事实面前束手就擒。

"道高一尺，魔高一丈"，指纹鉴定实施了这么多年，罪犯也已找到了很多应对的办法，狡猾地设法不留下指纹，因而常给破案造成困难。比如在作案的时候，他们会戴上手套，或者在作案后将指纹擦掉，让警察找不到任何指纹证据。这给确定疑犯增加了难度。

所以现在需要警察们掌握更先进的高科技破案武器，那就是DNA破案技术。

通过罪犯在现场留下的任何与身体有关的东西、一根毛发、几个皮肤细胞、几滴唾沫、几滴血液或几滴精液中的DNA，警方就可以根据这些蛛丝马迹将其擒获，准确率非常高。

美国电影《逃亡者》讲述的是一个医生被认为谋杀怀孕的妻子的故事，这是一个真实故事。真正的主人公曾于1954年蒙冤坐牢，10年后才被证明无罪而释放，事件几乎轰动美国。医生的儿子当时只有7岁，那天正在熟睡。悲剧发生后，这位儿子发誓要找出真凶。经过10年的艰难取证，长大后的男孩终于在案发现场取到了一点血样。

经过法医用基因技术鉴定，这点血样不是医生和他的妻子的，这说明当时一定还有另一个人在场，而且血样与精子中的DNA相配，这个人很可能是真正的凶手。警察展开了广泛的DNA检查，发现它与在医生家洗窗男子的相配。最后，真正的凶手终于落网了。

这些都是根据什么道理呢？正如我们已经知道的，除了同卵双生的兄弟姐妹之外，每个人之间的DNA都是有一定差异的。因此，每个人都携带着自己独一无二、并且终身不变的DNA"身份证"。DNA分析与对照的方法与传统的指纹法一样，可以用来作为指证罪犯的证据，因此被人们形象地称为"DNA指纹法"。与传统的对比手指纹路的办法相比，"DNA指纹法"要精确得多。从现场留下的少量毛发、皮屑、血液中提取DNA，然后通过一些包括PCR技术、电泳技术在内的复杂技术过程，制成DNA图谱。最后利用DNA资料库，把犯罪嫌疑人的DNA图谱加以对比，就可以非常准确地确定或排除疑犯了。

DNA图谱的制作方法倒也不难懂。我们可以把它理解为"操场操练选将法。"

科学家们将获得的DNA样品，用一种特殊的酶分裂成一个个碎片，放在一个特殊的容器中。容器里面事先放置了一种叫做琼脂糖或聚丙烯酸酯，被制成像鱼冻、肉冻那样的凝胶块的物质。这种凝胶块的形状，使琼脂糖变成了一个小操场。通过一定的电场作用，在凝胶块操场上，长短不同的DNA片段就好像是一个个运动员，各以一定的速度向前迈进。但DNA碎片的长短不同，分子量不同，走的速度当然也不一样，有的快，有的慢。经过一段时间之后，运动员在操场上就各自占有自己的位置，这种方法就叫做"电泳"。之后再通过适当的染色和借助一定的工具，就可在凝固的胶片上看到一条条带状的东西，在每条带上集中着不同长度的DNA碎片。而实际上，同一性质的DNA片段，在各人之间的长度也各不相同。最后可以清楚地看到，探测后显现出来的是一组多达20个DNA碎片的条带，看起来颇像超市所用的条形码。因此，我们的两位朋友所具有的"DNA指纹"之间的差别，就像在超市结账单上，一块奶酪的条形码和一支牙膏的条形码所显示的差别那样。

DNA图谱资料库就是在此基础上建立的。只要将电泳结果制成照片保存起来就可以了。

英国是首先宣布将正式启用国家DNA数据库的国家。这是因为采用"DNA指纹法"破案的前提就是要先建立罪犯DNA资料库，将有犯罪记录者的DNA资料存入计算机数据库，以便随时进行比对，从而提高警方破案效率。

英国的国家DNA数据库最终将收集500万人的DNA信息。第一年，数据库可能只是试验性地收集12.5万人的信息，其中主要是记录在案的罪犯和一些嫌疑犯。警方将从人身伤害、强奸和盗窃等三类犯罪嫌疑分子身上采取其DNA样本。英国警方的目标是，逐步在所有案件侦破中引入DNA检查。警方认为，DNA数据库的启用将是90年前指纹破案发明以来，反犯罪工作领域最激动人心的一项突破。消息一经传出，加拿大，新西兰等国还专门到英国取经去了。美国联邦调查局也有类似的数据库。

罪犯对这一招特别害怕，因为证明他们身份的最有力证据已被掌握在警方手里，如果他们再敢轻举妄动，很难不留下DNA的蛛丝马迹，很快便会重落法网。

人类历史上第一次使用DNA破案是在英国。一位姑娘在一个村庄被奸杀，在她的尸体上取到了罪犯的精液，从中提取出了DNA。根据现场判断，案犯肯定住在同一个村庄。怎么办呢？警察请来了科学家。科学家认为，要找出案犯只要抽取所有可能作案的男人的血样，做"DNA指纹"鉴定。经过做工作，所有村民都愿意配合。

结果不用说，罪犯暴露了。不过有意思的是罪犯不是被"DNA指纹"找出的，而是被先进的科技吓得在取样时做了手脚，因而败露。谁也不会怀疑，只要用"DNA指纹"一对，其精确程度会令罪犯插翅难飞。

几年以前，在我国贵州省一个小城里破获了一起连环杀人案。11名女青年分别在不同的地点、不同的时间被人强暴杀害，只有一位女性从凶手手中逃出来。调查此案的警察四处搜集证据，但除了在一位死者身上找到两处精液痕迹外，毫无其他线索。而看似文质彬彬的疑犯，矢口否认曾强暴过女青年，强烈要求警方拿出更多证据。

接下来，贵州警方从犯罪嫌疑人身上采取了血样，并带上以前在受害者体内取得的凶手遗留下来的精液证据，做了DNA鉴定。结果证明，他们所抓获的那位男子的DNA和精液中提取的DNA一模一样。在"DNA指纹"面前，狡猾的凶手不得不低下头来，承认自己的罪行。

自从"DNA指纹"法这个神秘而强大的武器开始运用在司法领域后，人们逐渐接受并广泛使用了这项技术。现代的警察都成为福尔摩斯了。当然在具体运用中，总还会有一些技术问题。例如，DNA是一个不太稳定的分子，在外界暴露时间过长，可能会因为曝晒或细菌作用而降解，这样得到的结果是否还能够有效地排除疑犯？对此科学家还无法确定。此外，操作过程中用到的PCR技术，其实是一个高度敏感的系统，如果技术人员在操作过程中一不小心打了个喷嚏，将自己的DNA污染了标本，后果可想而知。

为什么说 DNA 是特殊的身份证

DNA不仅能奇迹般地侦破案件，还能帮助我们解决一些不可想象的难题。

1996年8月16日，一架客机在挪威境内坠落，77位乌克兰人与64位俄罗斯人遇难。遇难后的尸体已经支离破碎，混杂在一起。怎么把死者的尸体重新组合起来呢？

挪威的科学家采用了基因鉴定术。在20天内，他们从257块尸体片段中，鉴定了141个遇难者中139人的DNA，只有两人的DNA分析没有得出理想的结果。通过对亲属子女的DNA比较，他们准确鉴定了43个女性与98个男性，22天后所有正确组装的尸体被运回俄罗斯与乌克兰。

1985年4月，一个曾离开英国的小男孩又回到了英国。当地移民局坚持认为，回来的孩子是冒名顶替的，并不是该家庭的成员，或者只是这家人的外甥或侄子。于是，迫切需要科学的亲子鉴定。

亲子鉴定是指通过对人类的遗传标记，如外貌特征、皮肤纹理、血型或DNA等的检验和分析，来判断父母和子女是否具有亲缘关系，它又被叫做亲子试验。其中查血型和DNA检测是常用的方法。

在人类还没有完全掌握分子生物学技术以前，血型配对检测是进行亲子鉴定的一项有力手段。但ABO血型系统只有4种血型类型，重复率很高，常常不能得到完全肯定的答案。血型鉴定有一定的误差，容易引起误会，说不定会使一些人蒙受不白之冤。

这时，人们想到了DNA分析的方法。有趣的是，孩子的父亲不在，科学家们只好把男孩的基因与母亲的基因，以及3个肯定是这对夫妻的孩子的基因进行对比。最后，DNA指纹法确凿无疑地证明，该男孩确确实实是这对夫妻的孩子，小孩顺利地加入了英国国籍。

DNA亲子鉴定是这样进行的：测试员先从被测试的小孩、父亲和母亲的血液中提取出DNA，用限制性内切酶把这些DNA样品"切"碎，然后进行电泳分离。再将分离开的一段DNA放在尼龙薄膜上，使用能够识别同一种DNA的探针，将相同的基因分辨出来并将其汇聚到一起。由于被标记的DNA含有放射性同位素，将其压成X光片、一段时间后将感光照片冲洗出来，便可以通过肉眼看到DNA被染成黑色的条码。

因为小孩的基因一半来自父亲，一半来自母亲，所以他的基因条码的一半会与母亲的吻合，一半与父亲的吻合。测试人员运用不同的探针，寻找出不同的DNA，并染色成独特的条码。这个过程重复几次之后，再将小孩的DNA条码与被测父母的相比较。如果发现所有的条码都符合上面的规律，则证明小孩与被测父母有100％的血缘关系。

如果发现在一个或多个探针上，小孩的DNA与被测父母的DNA模式不符合，那么就可以100％排除小孩是被测父母亲生孩子的可能。

在亲子鉴定上，DNA技术是目前为止最方便有效的手段。由于人体的所有细胞中都有一套相同的DNA，所以提取DNA的过程非常简单，可以从血液中提取，也可以从口腔中提取，甚至还可以从人的毛发中提取。

由于DNA亲子鉴定具有准确度高、方便、高效等特点，它正逐渐地取代其他检测手段，并受到人们的普遍欢迎。那些失散亲人的家庭可以找回自己真正的亲人，孩子也可以重新回到亲生父母的怀抱。

现在，这种用基因鉴定身份的技术已经被各个国家广泛采用了。仅美国一家DNA分析公司就已用DNA分析的方法解决了几千个法医、移民、亲子案件。1989年，共有2000多移民因掌握DNA证据而到英国与亲属团聚。

随着基因技术的发展，每个人都可以拥有自己的"基因身份证"了。这并不是什么难事，我国已经有人拥有了自己的"基因身份证"。

这张神奇的"基因身份证"，2001年2月9日下午在四川大学华西法医学院的物证教研室诞生。身份证的主人是个刚刚7个月大的名叫龙威的男孩，父母除按传统给他按脚涂印、照相以外，还接受了基因高科技，给宝贝儿子办了一张"基因身份证"。

这张高科技含量的身份证，只用了三天就完成了。它长约25厘米、宽约15厘米。材料为质地较好的彩印纸，可以涂塑以便保存。

"基因身份证"的左上方，是一张用数码相机拍摄的"身份证"持有人的照片，下方是他的出生日期和父母的名字。在身份证的右上方，是一个在国内很少运用的性别基因（女性都显示OO，而每个男性的都不同）。下面登记的是小孩的血型。

这张"身份证"的特点在于有10个数字的基因位点。为了与国际接轨，"基因身份证"特意选取了8个美国FBI通用的位点，和两个中国人特有的基因位点。在其下方是一个特殊处理过的DNA指纹防伪条码，经过特殊的药水浸泡后，它可以显示出身份证持有人的DNA"带"。

人类基因组计划包含哪些内容

人类基因组计划（human genome project，HGP）是由美国科学家Renato Dulbecco于1985年率先提出，于1990年正式启动，由美国、英国、法国、德国、日本和我国科学家共同参与的一项国际合作计划。人类基因组计划与曼哈顿原子弹计划和阿波罗登月计划并称为三大科学计划。HGP的主要任务是对构成人类基因组的23对染色体的30多亿个碱基进行精确测序，发现所有人类基因并确定其在染色体上的位置，破译人类全部遗传信息。HGP还包括对5种"模式生物（大肠杆菌、酵母、线虫、果蝇和小鼠）"基因组的研究，旨在从这些相对简单的模式生物及较小的基因组测序实验中，发展有利于人类基因组测序的策略和新技术。我国得到完成人类3号染色体短臂上一个约30Mb区域的测序任务，该区域约占人类整个基因组的1%。

HGP的主要内容包括遗传图谱、物理图谱、序列图谱、基因图谱4张图谱的绘制，还有发展基因组研究的新技术，完善人类基因组研究涉及的伦理、法律和社会问题，培训能利用HGP发展起来的技术和资源进行生物学研究的科学家，促进人类健康。HGP最终完成图要求测序所用的克隆能忠实地代表常染色体的基因组结构，序列错误率低于万分之一。95%常染色质区域被测序，每个Gap小于150kb。

2000年6月26日，参加人类基因组工程项目的美国、英国、法国、德国、日本和中国的6国科学家共同宣布，人类基因组草图的绘制工作已经完成。

2001年2月12日，美国Celera公司与人类基因组计划分别在《科学》和《自然》杂志上公布了人类基因组精细图谱及其初步分析结果，两者的结果惊人的相似。

整个人类基因组测序工作的基本完成，为人类生命科学开辟了一个新纪

元，它对生命本质、
人类进化、生物遗
传、个体差异、发病
机制、疾病防治、新
药开发、健康长寿等
领域，以及对整个生
物学都具有深远的影
响和重大意义，标志
着人类生命科学一个
新时代的来临。

△ 人类基因组图

　　在新公布的人类
基因组图谱中，有许多十分惊人的发现以及重要数据。分析得知，人类全部
基因组约有2.91Gb，约有3.9万个基因，平均基因大小约27kb，到目前仍有9%
的碱基对序列未被确定，19号染色体是含基因最丰富的染色体，而13号染色
体含基因量最少。目前已经发现和定位了2.6万个功能基因，其中尚有42%的
基因的功能尚不清楚，在已知基因中酶占10.28%，核酸酶占7.5%，信号传导
占12.2%，转录因子占6.0%，信号分子占1.2%，受体分子占5.3%，选择性调
节分子占3.2%。人类基因数量只是线虫或果蝇的两倍，人有而鼠没有的基因
只有300个。人类单核苷酸多态性的比例约为1/1250bp，不同人群仅有140万
个核苷酸差异，人与人之间99.99%的基因密码是相同的。并且发现，来自不
同人种的人比来自同一人种的人在基因上更为相似。在整个基因组序列中，
人与人之间的变异仅为万分之一，从而说明人类不同"种属"之间并没有本
质上的区别。人类基因组上大约有1/4的区域是没有基因的片段。在所有的
DNA中，只有1~1.5%DNA能编码蛋白，在人类基因组中98%以上序列都是
所谓的"无用DNA"，分布着300多万个长片段重复序列。这些重复的"无
用"序列，决不是无用的，它一定蕴含着人类基因的新功能和奥秘，包含着
人类演化和差异的信息。男性的基因突变率是女性的两倍，而且大部分人类
遗传疾病是在Y染色体上进行的。所以，可能男性在人类的遗传中起着更重

要的作用。找到了一批与人体疾病相关的重要基因，如肥胖、糖尿病、高血压、支气管哮喘等基因。这些基因的发现，增进了人们对许多重要疾病机理的理解。

酵母、大肠杆菌、果蝇、线虫、小鼠、拟南芥、水稻、玉米等其他一些模式生物的基因组计划也都相继完成或正在顺利进行。HGP的实施和完成为疾病的基因诊断、基因治疗、疾病预防、疾病易感基因的识别、药物的靶点筛选及个体化的药物治疗等研究奠定了基础；对基因工程药物、基因和抗体试剂盒、诊断和研究用生物芯片等的研制具有重要指导意义；对于基因表达调控、细胞生长分化、生物遗传与进化等基础科学研究将产生巨大的推动作用；HGP还将为人类社会带来巨大的社会和经济效益。HGP给人类带来巨大利益的同时，也带来一系列问题。如HGP所引发的基因专利战及基因资源的掠夺战；如何平衡隐私和基因组公平使用之间的关系；更危险的是HGP的成果可能被用于研制和生产种族选择性灭绝性生物武器。

基因能作为武器吗

在位于马里兰州的美国军事医学研究所，研究人员正在紧张地忙碌着。他们在普通酿酒菌中接入一种在非洲和中东引起可怕裂谷热的基因，使酿酒菌可以传播裂谷热。他们正在进行研究的是过去科幻小说中才有的"基因武器"。

20世纪自然科学发生了两次大革命：一次是世纪初的物理学革命；一次是世纪中叶的分子生物学革命。物理学革命使我们发现了原子核的结构，生物学革命使我们发现了DNA。历史的事实告诉我们，每当我们发现自然界的基本结构时，我们既在幸运的边缘，也处于灾祸的火山口。1939年我们发现了原子核，如今我们拥有了核能、核医学，也带来了令人恐怖的核威胁。没有人会忘记，1945年广岛天空升起美丽的蘑菇云，顷刻之间，一个庞大的城市和几十万人化为灰烬。而从此之后，人们不得不生活在核武器的阴影和恐怖之中。时至今日，全世界的核武器加在一起可以把地球和人类毁灭数十次，仅美国拥有的核武器就可以把人类和地球毁灭数次。

在20世纪70年代，我们发现了DNA。如今我们拥有了基因治疗技术和大量有益于人类健康的生物制品，但人们又担心它会不会像核技术一样被用于人类的毁灭。事实正是如此。正当人们在为防止核扩散而疲于奔命之时，又传来了更恐怖的消息：利用基因技术，只需20克超级"热毒素"基因武器，就足以使全球55亿人死于非命。20克才相当于多少分之一个原子弹啊！

那么，如此厉害的基因武器到底是什么东西呢？简单地说，基因武器就是一种利用基因重组技术而研制出的生物武器。在生物遗传工程技术的基础上，用人为的方法，按照军事上的需要，利用基因重组技术，复制大量致病微生物的遗传基因，并制成生物战所用的制剂将其放入施放装置内，就构成了基因武器。

在古代，就有根据流行病学知识使用"生物武器"的战例。二战时，使用生物武器的主要是罪孽深重的日本。据大量档案资料揭露，日本关东军侵占我国东北期间，在哈尔滨附近曾进行惨无人道的人体细菌试验，1940年秋在浙江的宁波、金华和湖南的常德都试用了生物武器。抗美援朝战争中，美国利用日本的细菌战犯研究和制造细菌武器，并在中朝军队被俘人员中秘密进行试验。令人不齿的是，美军在1952年竟对朝鲜北方和我国东北大部分地区实施了大规模的细菌战争。两伊战争中，伊拉克使用生物战剂（一种霉菌毒素）攻击伊朗的马伊农岛，致使5000多名士兵受伤，死亡率约为15%。

生物战争，因为其惨无人道，历来为国际社会所谴责。随着重组DNA技术的实现，基因技术在军事应用上显示出巨大的潜在价值。重组DNA技术能容易地把一些非致病的有机体改造为剧毒的使敌方毫无所知的生物战剂，并且能轻易地克服过去传统生物战剂不易贮藏和战时应用不稳定等缺陷。

与造价昂贵的大规模杀伤性武器相比，杀人不见血的基因武器有着许多无可比拟的优势。它成本低，杀伤力强。用5000万美元建造一个基因武器库，其杀伤效能将远远超过50亿美元建造的核武器库，上面提到过的一种具有剧毒的"热毒素"基因毒剂，用其万分之一毫克就能毒死100只猫；另一方面，基因武器的使用方法非常简单，而且难以防治。只要将病毒放在一只普通的密码箱中，就可以轻易通过海关检查。基因武器产量极高而生产规模小，没有辐射而难以检测；没有烟火而杀人于无形中；没有特殊伤口而极难及时抢救；没有特殊标记而极难隔离。而且，基因武器、基因细菌可能在未来所有的基因食品厂或化工厂都有能力生产出来，只要稍微改一下配方就行。无疑地，这样的工厂很难被发现。

而正是由于这些潜在的价值，一些国家的军界对基因技术研究给予极大的关注。

美国最早注意到重组DNA技术在军事应用上的价值。20世纪70年代末，美国人就提出如果生物战军备竞赛重新开始的话，首要考虑的是重组DNA技术，所以美国国防部不惜重资资助这种研究。1990~1993年美国国防部每年投资1亿美元，1994~1996年每年再递增500万美元。这是美国少有的几项每年投资超过1亿美元的关键技术之一。美国专门从事生物战、科学与国防事务的皮勒尔调查发现，在国防部的研究课题中，有329个项目直接与生物技术有关，其中有86项可能涉及进攻性生物武器的研究，包括缺乏疫苗的、不易诊断的生物战剂、毒素生物战剂。抗菌性生物战剂，增加毒素产量能力等。

有关专家认为，发展基因武器可能产生一些人类在已有技术条件下难以对付的致病微生物，从而给人类带来灾难性的后果。由于每一种基因研制者都可以给它加上一个难以破译的密码，就像一把特制的锁，只有研制者才知道它的遗传密码，对方是很难窥破其秘密并加以控制和防治。就好像武侠小说中描述的独门毒药、独门暗器。这使得基因武器比其他武器具有更好的保密性。一旦使用，有可能使对方束手无策，坐以待毙。

2000年夏天，在北京举行的一次生物技术研讨会上，专家们对基因成为武器表示了极度的担心和忧虑。科学家说，以人类目前所掌握的基因技术，完全有可能以遗传工程手段，将艾滋病毒改造成易传播的病毒，如人类抵抗力较弱的肝炎病毒、感冒病毒，培育出"杂种病毒"。据说，有军事大国从20世纪70年代起，就已经开始进行毒蛇基因的研究，企图把能产生剧毒的眼镜蛇毒素的基因，移植到流行感冒的病毒基因中去。如果这种生物武器研制成功，人遭到它的袭击时，不仅会出现流行性感冒的症状，还会出现蛇毒发作症状，导致受害者瘫痪或死亡。

不仅如此，还有更加可怕的东西。在西方，某些军事专家正致力于研制一种叫做"种族武器"的新生物武器。这种生物武器是试图通过对具有群体遗传特点的人的细胞、组织器官和机体系统，施加目标明确的化学和生物影响，从而达到有选择地损害某种民族和种族的武器。

"人种炸弹"就是一种"种族武器"。"人种炸弹"的提法源于以色列军方。海湾战争中，伊拉克曾向以色列发射"飞毛腿"导弹，使以色列与伊拉克之间的种族敌对情绪日益加深。因此为了对付萨达姆，以色列军方决定不惜一切代价，加紧研制一种专门对付阿拉伯人的武器，这就是"人种炸弹"。"人种炸弹"能识别阿拉伯人和犹太人的基因，并且只对阿拉伯人具有杀伤力，因此当以色列释放"人种炸弹"时，凡是具有阿拉伯基因的人就都会感染致病菌而死。同样，如果有需要，还可以研制出识别性别基因、血型基因等的"人种炸弹"。

"人种炸弹"的研制计划由以色列的尼斯提兹尤纳生物研究院负责，该研究院是以色列研制生化武器的秘密中心之一。为了研制"人种炸弹"，以色列科学家首先要确认阿拉伯人独有的基因，再研制一种基因病毒或细菌，利用它们的特有功能，改变阿拉伯人细胞内部的DNA，进而达到消灭阿拉伯人的目的。

研制计划是相当复杂的，然而专家们指出，"人种炸弹"在理论上完全可行。虽然该基因病毒尚未研制出来，但据密切关注安全和防卫事务的《简氏防卫周刊》发表的一份报告指出，以色列科学家利用南非"染色体武器"的某些研究成果，已发现了阿拉伯人，特别是伊拉克人的基因构成。

更为可怕的是，"人种炸弹"的释放方法非常简单，只要把基因细菌或病毒喷洒在空气中或者倒入饮用水中就行了！它甚至让人在毫无痛觉和没有流血的情况下迅速死去，这就是它看似"温和"的一面。

对于这种只对敌方具有残酷杀伤力，而对自己人毫无影响的"人种炸弹"，可用"威力无比"4个字来形容。从某种程度上讲，它是一种残酷的新型大规模杀伤、破坏性种族灭绝武器，尤其是某些不具备核武器的国家的潜在武力均衡器。然而人们对其仍是"不识庐山真面目"，毫无警惕心理和防御措施，甚至到战争爆发时，人们还会认为是发生了休克或自然流行病。因此，一旦"人种炸弹"研制成功并释放，最大的受害者将是那些无辜善良的人们！

英国医疗协会对"人种炸弹"非常关注，该组织呼吁尽快举行一次全球性会议，对这种生物武器进行了严格控制。对此，英国已于1997年成立了由生物技术、医学等多学科专家组成的小组，研究应付它的对策。就是在以色列国家内部，也有赞成派与反对派的强烈冲突，议员代迪·祖克尔在谴责这项研究时说：

"这样的武器简直是魔鬼，应予以禁止！"

如果说，原子弹使人类离毁灭的边缘只有一步之遥的话，基因武器就使人类离毁灭的边缘只有半步了。我们不禁要问：作为万物灵长的人类真的要自己毁灭自己，难道人类的命运就注定如此悲惨，如果真的这样，那又有谁能拯救人类呢？

拯救人类的只能是人类自己。基因武器虽然可怕，但总有对付它的方法。尽管已有人在从事基因武器的研究，但令人欣慰的是，也有人正在针锋相对地研制反基因武器。

美国国防部正在筹划一个庞大的"生物保护计划"，以对付21世纪"生物恐怖分子"。1997年的预算为4000万至5000万美元，1999年达到1亿美元，人称"生物星球大战计划"。

不过，以暴易暴似乎并不是最好的办法。要使基因战争防患于未然，必须制定一系列条约，加强基因技术的核查，同时加强和平舆论的宣传，发动一切和平的力量来抑制基因战争的发生。

科学探索是无禁区的，但是掌握科学技术的人必须明确：科学技术必须最终造福于人类。只有基因专家以天下亿万苍生为念，并勇敢地加入到反对基因战争的行列中，基因武器的恐怖才会减小或消失，一个不受基因武器威胁的和平环境才得以存在。

转基因食品是福还是祸

2002年8月17日，赞比亚政府发言人宣布："尽管赞比亚目前严重缺粮，但是考虑到转基因粮食可能对人体健康造成的负面影响，赞比亚政府决定不接受美国无偿提供的5.1万吨转基因玉米。"一个因灾害而粮食奇缺的国家何以拒绝他国的无偿援助，且不准运输玉米的船只靠岸，据说这是政府接受了专家建议的结果。原来，该国曾就转基因玉米问题进行过"全国性"的辩论，专家们提出：由于尚难就转基因粮食对人体健康和对本国的粮食种子会否产生长期不利影响做出定论，建议政府不接收这些玉米。

除赞比亚外，津巴布韦等一些非洲国家也不要转基因玉米而希望得到传统食品。美国的态度则是："我们没有转基因玉米的替代品，这些就是我们给的。"为此，双方闹得不欢而散。

什么是转基因食品?

所谓转基因，就是利用生物技术，人为地将某一种或多种生物中的遗传基因，通过电击等特殊手段转移到其他物种中去，用以改造后者的遗传物质，使其在性状、营养品质、消费品种等方面向人类所需要的目标转变。譬如，将鱼或病毒的基因转移嫁接到西红柿的基因上，可使新品种西红柿表皮增厚，能抗冻或推迟成熟；将某些病毒或牵牛花的基因转移嫁接到大豆的基因中，可帮助大豆抗除莠剂或增加含油量；若把抗虫基因转移到玉米、大豆中，害虫就不敢吃玉米、大豆了；而将菠菜的基因植入猪的体内，"把肉和蔬菜在活着的家畜身上，而不是在盘子中结合起来"，吃肉就等于吃了荤素皆有的食品了等。此外还有"可食疫苗"，如抗乙肝的莴苣，抗麻疹的香蕉，抗霍乱的土豆。我国也已培育出一种能抗乙肝的西红柿——人每周只要生吃1～2只西红柿，每年吃它两三个月，就不必再去医院注射预防乙型肝炎的疫苗了。2007年1月14日英国《泰晤士报》报道：英国科学家培育出了一种转基因鸡，能下"抗癌蛋"。上述诸如此类的食品或以上述食品为原料加工生产的食品，就是转基因食品。

转基因食品又称基因食品、基因改造食品或基因改良食品。世界上第一例转基因作物是于1983年在美国培植成功的。1993年，耐储存的转基因西红柿最先获准在美国上市。现在，世界上种植转基因植物的国家逐年增多，种植面积以两位数的数字增长。西班牙媒体在2004年的报道

△ 转基因食品

中说：1996年全球有6个国家种植，1998年为9个国家，2001年为13个国家，2003年为18个国家。《经济导报》在2003年的消息中提到：我国转基因作物种植面积已突破210万公顷，也已位列世界转基因作物的种植大国。美国是世界上最大的种植转基因作物的国家，该国的大豆产量有超过55％是转基因产品，玉米亦达总量的40％。

各国谨慎对待转基因食品。

一些国家宁可让百姓挨饿，也不接受转基因食品，或不准进口转基因食品（如安哥拉，2004年），并非心血来潮之举。事实上，许多国家对这种食品是相当谨慎的。

欧洲人基本上采取禁止培育和销售转基因食品的态度，舆论也基本上是抵制的。法国议会就明确禁止转基因食品上市；法国农民组织经常拿转基因试验田、试验室开刀，对它们进行打、砸、毁，他们曾把转基因水果、蔬菜甚至是牛粪倾倒在一些快餐店门前，抗议快餐店出售含有转基因的食品，

迫使这些快餐店停止出售此类食物；在奥地利，鉴于多数公民对转基因食品投了反对票，政府就决定禁止进口转基因食品。英国据说至今只有16％的人表示可接受转基因食品；英国王储查尔斯公开撰文声称："人类企图涉足某种神圣的领域，而我绝不打算让家人和朋友食用转基因食品。"英国首相布莱尔一度认为转基因食品是安全的，后来又说："可能有损于人体健康和环境。"然而，美国拿出世贸组织的有关条款，要求英国与欧盟进口转基因食品。2003年11月16日，英国反对转基因食品者在议会广场前举行裸体游行，抗议美国的做法。但在美国等的压力下，欧盟于2003年10月通过了转基因食品新条例，从法律上允许符合条件的转基因食品在市场上销售。12月8日举行的关于是否批准转基因玉米的表决，结果是6票赞成，6票反对，3票弃权，平局使这一议案日后再议，可最终还是批准了。一位欧洲记者在2005年说道：欧盟委员会"正利用民主进程中的一个漏洞，让这些转基因食品逐一得到批准"。

反对转基因食品的理由：

回顾历史，还没有哪种新问世的食物像转基因食物那般为全球人民所关注。

1998年11月，世界最大的基因工程公司——美国孟山都公司在印度的两块实验地被当地农民焚烧，原因是该公司在农作物中采取了"雄性不育"技术，农民怀疑人接触后也会患上"不育症"。这一闹，美国两大婴儿食品公司宣布将不再采用转基因食品做原料。

也是在1998年，英国科学家普斯陶伊声称："他在研究中发现，食用了转基因土豆10天后的老鼠，肾、肝与免疫系统受到了损害，从而认为转基因食品也会引起人体内脏损害和肿瘤等疾病。"这位科学家很快就被迫"退休"了。一位记者在事隔数年后回忆当年采访普斯陶伊的感想时说道："他的观点值得一听。"可是当时的主管高官不愿意重复普斯陶伊的试验。然而2005年披露的美国孟山都公司的秘密报告也说："用转基因食品喂养的老鼠出现了器官和血液的异常。"还有科学家认为，转基因食品会带来更多的过敏问题。他们说，假如吃玉米过敏的人，也会对将玉米基因植入小麦、核桃、贝类的转基因小麦、转基因核桃、转基因贝类产生过敏，这就使过敏范围扩大了。

更有一些科学家担心，转基因食品会在人体内将抗药基因传给致病细菌，使细菌产生抗药性，如此，人一旦生病就无药可救等。

国外一本名为《食在未来》的图书写道："放入农作物的基因产生的化学物质可以赶走或消灭害虫，同时也可能杀死益虫，遗传工程学家认为这些危险可以通过监控被克服，但却无法保证将来不出差错。"

由于可利用基因改造的牛产出"人奶"，更有传说有人已在"无意"中创造了世界上第一批"转基因婴儿"，因而转基因又涉及道德伦理问题。人们在问：今天的人类是否应该为追求进步而放弃一些准则？

此外还有生态污染。有些学者担心：转基因作物还可能造成生态污染，使繁殖失去控制，发生变异或过早死亡，给生物链带来深重的影响。

虽说反对转基因食品的理由五花八门，但归根结底是"安全"两字。

认为转基因食品是"福"的也大有人在，他们说，发展转基因作物可以提高粮食、蔬菜、水果、畜产品的产量，有利于解决人口增长所带来的"吃"的压力。而且转基因作物能抗病虫害，可提高食品的营养价值；转基因食品在生产过程中不用或减少了化学农药的使用，故对保护环境有利。

中国转基因食品研究的一位学科带头人在2005年发表的文章中这样欢呼："转基因食品的出现无疑像一道划破天际的曙光，给我们带来无限的希望。"我国不少专家、学者也表态说：人们已无法回避转基因食品。那安全性怎么办？中国科学院的一位搞转基因水稻的院士在2007年说道："评价转基因食品的安全性，应是它与非转基因的同类食品比较的相对安全性；注重'个案分析'，不一概而论。"但这位院士与我国权威部门的说法是一致的："我国已批准商品化生产的转基因食品都是安全的。"有位专家更举例说明："同样是青菜，一边是受农药污染较多的，另一边是转基因的，让我选择的话，我会毫不犹豫选择转基因的。"这位专家偏偏拿受污染的青菜来比较，而不与"绿色青菜"比较，不知是何道理。

为了说服百姓，有些人就拿国外的实例来证明，说美国已有10年以上食用转基因食品的历史，但人们没有出现不良反应，可见它是安全的。不过，一位在美国居住过一段岁月的国人于2005年撰文说：根据他在美国就转基因食品对消费者、种植者及专家们的采访所得，美国人在转基因食品面前"多半稀里糊涂地吃"；"种植者并非自食其'果'"；"学者可望严格管制地吃"——从这些文中的小标题就可略知一二了。当然我们也不要忘记，迄今仍有27%的美国人反对转基因食品。

加拿大也是转基因食品生产大国，加拿大人毫无疑义地也会吃它。但据2005年媒体报道："加拿大最近进行的调查表明，92%的国民仍对转基因食品可能存在的危害表示担忧。"

我们会吃转基因米吗？

2004年12月1日，中国农业部的一个会议静悄悄地结束。会上组成的"国家农业转基因安全委员会"的50余位科学家和农业部的官员，就转基因水稻的商业化种植进行了讨论。有消息称，"赞成派"占了上风。如果获得批准，中国这个世界上最大的大米生产和消费国将成为全球第一个商业种植转基因水稻的国家。

然而就在那一天，世界主要的环保组织之一"绿色和平"在北京针锋相对地公布了一份由英国科学家完成的报告，名为《中国转基因水稻对健康和环境的风险》。据《南方周末》报道："绿色和平"的成员向那些搞转基因的科学家发问："你们说转基因食品是安全的，那么，在你们的实验中，让老鼠吃3个月（转基因米）无害，能说明让人吃50年也无害吗？"报道说，小麦是美国人和加拿大人的主粮。孟山都公司曾向美国政府和加拿大政府申请转基因小麦的商业化种植，但由于农民协会等团体及大众的强烈反对，该公司知道难以得到批准，于是主动撤回了申请。（又：墨西哥人的主粮是玉米，该国至今也没批准转基因玉米的种植）报道说，"绿色和平"在调查中还发现了研究转基因（水稻）的科学家以及支持者一些错综复杂的不正常利益关系，直指一些人赞成生产转基因水稻是出于私利。

"绿色和平"在2005年4月13日声称：他们曾4次深入湖北实地调查，将采得的25份样本送往德国检测，显示有19个样本（后来经再次检测，公布为18个样本）为转基因水稻，而且这些转基因水稻已经流入市场。这就是说，如果情况属实，转基因水稻的商业化种植已经先斩后奏（申请）了。对此，农业部迅速回应，说该报告的科学性和真实性还有待证实。被点名的科学家则说："绿色和平"的指责"纯属捏造事实"。有意思的是此事未见下文，农业部似乎没有公布"有待证实"的结果；科学家也没有追究"捏造事实"者的责任，一切不了了之。

种种迹象促使我们猜想：若干年后，市场上是可能会销售转基因大米的。如果再遐想一下，说不定今天晚餐食用的就是未被识破的转基因大米。

看来，无论是在外国还是在中国，无论是普通老百姓还是学术界的权威，对转基因食品都有截然相反的两种观点。然而，是祸是福一般到50年后才能见分晓，现在作结论还为时过早。

不过人们指出，科学进步往往是把双刃剑：昔日的"革命性材料"如石棉、动物骨粉、滴滴涕等，今日不都成了"过街老鼠"吗？那么，连害虫都不敢下口的转基因作物一旦成为人类的食物，人体是不是会把那些抗虫基因也消化了呢？愈来愈耐储藏的转基因西红柿，是否会引起人体的变异呢，转基因作物对其他动植物是不是像某些组织所说的将是一场"浩劫"呢？所有这些安全问题，至今仍是未知数。

我国《健康报》发表过一篇《转基因生物的七个说不清》文章。实际上也表明了对转基因食品的忧虑。这7个说不清是：食品安全说不清；生物富集说不清；药食关系说不清；生态影响说不清；基因污染说不清；全球监管说不清；机遇泡沫说不清。

可是，在"说不清"的情况下我们仍在大规模地种植转基因作物，仍在大量地进口和销售转基因食品，这显然不是权宜之计而是既定方针了。

美国《纽约时报》在2006年2月14日发表的一篇文章中对转基因作物进行了反思。文章说："在刚刚引入转基因作物的时候，科学家曾经畅想各种食品会变得更健康、更美味：能抗癌的番茄、不会腐烂的水果、能做出更健康的炸薯条的马铃薯，甚至能避免肚胀副作用的豆子。"但到目前为止，"人们对转基因食品的抵制，技术上的困难、法律和商业障碍，除基因工程之外培育更好作物的能力，这些都削弱了人们对转基因作物培育的热情。"文章谈到："杜邦公司早在1997年就为一种高油酸含量的大豆申请了生产许可，但这种作物并没有成为有利于消费者健康的转基因食品的典型，现在只用来生产工业润滑剂。""墨西哥国际玉米和小麦改良中心的科学家已经利用传统育种培育出了富含赖氨酸的玉米，与孟山都的（转基因）新产品类似。"然而孟山都的玉米新品批准"只能作为猪和家禽的饲料"。此前，英国《独立报》的文章说："一种对超强杀伤力除草剂具有耐药性的转基因油菜会进一步危害农村，对野花、蝴蝶、蜜蜂以及鸣禽带来严重危害。"文章认为，在可预见的未来，食品产业将走向末日——这些，不知能不能给我们起点参考作用。

我国有人放话了，消费者如果对转基因食品不放心，你可以不买，选择权在你的手里。此说有强词夺理之嫌。请想想，尽管老百姓有消费的选择权，可是如果有关管理部门无所作为地不给一个明确说法，消费者又如何选择？

2002年3月20日，我国《农业转基因生物标识管理办法》正式实施。该办法规定，转基因食品必须贴上标识才能销售。而要求"亮明身份"的目的据说是为了保护消费者的知情权和选择权。17种产品被列入标识目录，可有关人员告诉我们，转基因食品其实早就走进我们的厨房，正式登上我们的餐桌了。例如2000年9月6日的《中华工商时报》就报道了转基因食品登上北京大型超市的消息。

消费者总是受害者。多少年来，米、面、油、肉、鱼、蛋、蔬菜、水果等等的食品有没有被污染及含毒多少，消费者往往弄不清；转基因食品吃进了肚子，消费者却不知道，更谈不上有知情权和选择权了。现在管理部门要求隐身食品亮明身份，那自然是好事，但我们仍然乐观不起来。试想，从国外进口以及国内生产的转基因食品至少已有几十种，用这些（大豆、西红柿、核桃……）为原料衍生出来的产品真是数不胜数，老百姓又如何知情？2007年1月，江苏省的一位政协委员针对西红柿里已有鱼基因而在政协会议上指出："从生物安全性的角度看，这样的现象十分可怕。"然而销售者根本不会标识，消费者也根本不会知晓。再说，管理部门往日听任转基因食品隐身不报，今天允许转基因食品大量地生产，说穿了，不就是要让大众消费吗，难怪有人要说："如果市场上只给我们转基因食品的时候，我们的选择权也就有名无实了。"

事实也的确如此。据2006年的媒体报道：受国家环保总局委托，南京环境科学研究所的专家从2003年起，对17个省的部分城市进行了调查，发现这些城市销售的食用油，三分之二是由转基因大豆制成的。而像南京等大型城市，其市场份额还要高（有报道称达80％）。专家指出："尽管目前没有确切证据证明转基因大豆油对人体健康有（不良）影响，但不排除需要更长时间才暴露，或有现有技术无法发现的可能。"调查中专家们注意到：进口的转基因大豆在运输中因密封不严或加工时管理不善已流失到农民手里。他们在河北、河南都发现了农民种植的转基因大豆。专家担忧，认为这"将对我国野生大豆生物遗传资源造成污染"。

《瞭望—东方周刊》于2004年第17期报道："中国政府于今年2月"给美国5种产品（大豆、玉米、棉花等）开了绿灯。农业部官员声称："测试结果表明，（5种产品）转基因污染几乎等于零。"且不说"几乎等于零"中的潜台词是什么，问题是我国早就进口美国大豆、玉米等转基因食品了，何以到2004年才"发放安全证书"、批准进口呢？再回顾一下，2003年7月的《北京青年报》消息：北京农业局"共抽查14家企业的22个品牌（食用油），均为转基因产品"，而"这22个产品都没贴上转基因生物标志"。消息中列举的品牌有金龙鱼牌、福临门牌、鲁花牌、红灯牌、火鸟牌、绿宝牌、金象牌、海兰花牌、汇福牌、元宝牌等品牌。事隔三四年，现在这些品牌的食用油应该全都明确标识了。可标识管理办法2002年3月已出台，为什么这些企业在此后1年多的时间里全都敢于不遵守管理办法，而管理部门又不及时查处呢？真让人不可思议。"绿色和平"发布的《避免转基因食品指南2005》，对"百威"、"雀巢"、"统一"等诸多品牌因为"没有承诺不使用转基因原料或没有回应查询"而被亮了"红灯"，在先前的"指南"中，说国内承诺不使用转基因原料的有50家公司、78个品牌，其中包括达能、亨氏、德芙、蒙牛等。按理，这些工作由管理部门做才更全面、更权威。

我国一位重要专家曾经表示，我们将无法回避转基因食品，因为转基因是解决未来食品需要的重要技术，它是不可逆转的。

问题就是这样，转基因食品不贴标识，或销售的都是转基因食品，那消费者的选择权就只能等于零了。

记忆有形状吗

有的人过目不忘，有人却总记不住人名，显得很尴尬。那么，要怎样才能改善人的记性呢？先来研究一下记忆在脑中的生理机制吧。

在传统观念中，记忆是无形的，而日本国立冈崎大学的河西春郎和松崎政纪两位科学家最近的研究表明，记忆是可见的，它的形态被刻在大脑神经细胞表面树状突起的微小的刺上。

形如大树的人的神经细胞，有许多带有无数小刺而枝杈状的突起，它们形状和大小各不相同，科学家们对其作用和机制极感兴趣，并在努力研究。

这些刺的密度与形状会随着学习的程度发生变化，并且老人比年轻人少，男女之间有差别，癫痫和痴呆症患者的刺与常态相异。这些刺连接于另一个神经细胞的树状突起的末梢之一，这个连接点就叫做突触；从一个神经细胞末梢释放出来的谷氨酸在突触上传导入另一个细胞的刺上的谷氨酸受体，转换为生物电信号；突触结合的强弱决定了对谷氨酸的感受灵敏度，即结合越强，记忆和学习能力就越好。迄今为止，由于刺极其微小，一直难以测定。

使用超短脉冲激光，河西和松崎开发成功让神经末梢局部释放谷氨酸的手法，微小刺对谷氨酸的感知灵敏度，被灵敏测定。刺的形状与大小决定了感知谷氨酸的灵敏度，越是顶端膨大的刺，对谷氨酸的感知就越灵敏；相反，顶端细长而微弱的刺则几乎没有感应。

人们期待着有一天，脑中的刺能被改变成有利于记忆的形状。

梦是怎样产生的

家徒四壁的穷人一下子就变成了锦衣玉食、腰缠万贯的富翁；一向对自己身材容貌感到自卑的丑小鸭忽然间摇身一变就成了身姿曼妙的白天鹅………这就是梦。

一、梦的定义

所谓梦在心理学上的一般解释是：在睡眠过程中的某一阶段，做梦人在特殊意识的状态下所产生的一种自发性的较为特别的心理活动。梦毫无疑义是一种特殊的思维活动，一种受压抑的愿望经过变形后的满足，是现实生活的一种特殊反映。其表征为复杂的，有时是混乱的精神活动。

我国古代中医学则认为是精神与体魄的变化在睡眠中的一种表现，是阴阳消长出入的结果。

二、梦的特征

梦的特征有很多，其基本特征主要有多变性、离奇性、逼真性、非控性和差异性的特点。

多变性是指梦中的事物在出现时往往变化不定。如空间上的多变，古人云"寐中长路近"、"五更千里梦"即是此意。一会儿在陆地，一会儿在天空；时间上的多变，可以与古人、故人相聚共处。一会儿白天，一会儿夜晚。一会儿孩童时，一会儿成人了；景象上的多变，一会儿繁花似锦，一会儿戈壁荒原等等。

离奇性指梦中出现的事物常常是现实中不存在的，如有时梦见人会飞起来。这主要是由于做梦时，高级中枢处于抑制状态，缺乏意识的严密调节和控制，使激活的表象形成了离奇的结合。

逼真性是指人们在梦中常有一种身临其境之感，如有人梦见自己坠入悬崖，其情景犹如真的一般。

非控性是指做梦的时间与内容不受做梦人的意识控制，是一种自发的精神活动。

跳跃性是指梦中的景象忽此忽彼，忽古忽今，忽远忽近，忽冷忽热，时时跳跃或处处跳动。

差异性是指梦受年龄、性别、生活地位、教育和生活习惯的影响而有所不同。正所谓"男人不梦生产（生小孩）"、"妇人不梦弓马（上战场）"、"小儿不梦寿庆（过大寿）"、"农人不梦研读"、"商人不梦渔樵（捕鱼和砍柴）"；"好仁者多梦松柏桃李，好智者多梦江湖泽川……"。

三、梦的成因

现代研究认为，梦虽然是无意想象、一种特殊的潜意识活动，但也是由一定的特殊动因所引起的。

第一，身体外部刺激的作用。躯体的外在刺激可以构成梦的材料来源，引发人做梦，早在我国古代就有所认识，现实生活中更是不胜枚举。

有人发现如当左侧胸部肋骨受压挤时，使心跳受阻，这时梦者因脑部暂时缺血而梦见坠落万丈深渊；如睡时覆盖物较轻或裸体而眠，则可能梦见在空中飘飘欲仙地飞翔；让灯光照射到睡眠者的脸上，则有可能梦到电闪雷鸣，森林火灾；把香水滴于鼻端，则会梦到置身于蜂舞蝶恋的花丛中；脚伸被外，则可能梦到游泳、涉水；屈膝而睡，则可能梦到滑行中的失落……

有一受试女孩，在快速动眼睡眠时，向她的头发上喷洒水滴，唤醒时她说在梦中自己正在慌乱地浇水灭火；另一次实验过程中用棉花轻拂她的脸，唤醒时她说梦见姐姐贴脸抱着一个绒毛玩具。

第二，身体内部的某些变化。机体各脏器的生理活动而引发的内部刺激，如消化障碍、寄生虫等。这些身体内部的因素，也是引起人们做梦的另一类重要原因。

诗人黄庭坚曾有诗云："渴人多梦饮，饥人多梦餐。"反映了我国古代人民对胃肠生理变化可以参与到梦境的形成已有所认识。有受试者采用禁止饮水和晚餐给香辣食品的方法进行实验，结果受试者在梦境报告中都述及到口渴及饮水之类的情节；有一女青年，因减肥每天只吃一点水果，坚持了十余天，体重虽有所减轻，但每天晚上都梦见自己大口大口地吃香喷喷饭菜的情景；儿童因来自膀胱的刺激，常梦到尿急而没有合适的地方，好不容易找到了场所，急切地尿完后醒来已发现自己尿床了；青春期男女，多梦见与好友相约或有与性有关的场面，这与机体内部生理变化密切相关。有研究者发现，有过家庭生活的男女较少出现性梦，而独身的人则较多梦到性生活。

中医则认为由于体内阴阳不调，引发肉体的痛苦而导致做梦。2000多年前的古代医书《内经》是最早从临床生理的角度论说梦寐之事，后世许多主要医学典籍在此基础上加以引申发挥。如《酉阳杂俎》："藏气阴多则数梦，阳壮则梦少，梦亦不复记。"中医学认为梦象的阴阳属性是体内阴阳关系的一种反观性反映，借助于梦的阴、阳"镜像"，医家便能觉察到病人体内的病理变化，从而作为诊治的一个重要参考因素，所以梦也就自然而然地纳入到了中医的临床实践范畴。

第三，日有所思，夜有所梦。白天生活中的某些事情引起大脑皮层神经细胞的过度兴奋，使这部分细胞不易抑制而产生梦。

成语故事中的"黄粱美梦"便是典型一例。说的是一位落魄书生——卢生，在赴邯郸途上的旅舍中因贫困而叹惜，道士吕翁便拿出一个瓷枕给卢生，说："你只要枕着它躺一会儿，我就可以使你拥有享不完的荣华富贵。"于是卢生就枕在瓷枕上睡去。刚入睡，卢生便梦见自己来到一个不知名的国家，娶了一位崔姓的女子为妻，既考中进士又及第，历任要职，拥有良田数千、美女若干、名马无数等，这样享受了50年的富贵生活才生病死去。当卢生在梦中病逝时就醒了过来，看见吕翁站在身旁，揉眼四顾，方知原来竟是一场梦。此时旅店主人在他刚睡时煮的黄米，尚未煮熟呢！

强烈的思考、希求、疑虑等意识深度作用，而感召出具有特殊意义的梦。

奥地利生物学家奥托·洛伊（1873～1961年）曾在深夜梦见自己在实验室里做实验，梦告诉他：如果利用两只青蛙一起做实验，便可以解决他的

"神经传导"的理论，于是清晨3点惊醒过来，马上冲进实验室，"依样画葫芦"地做起来，结果以化学递质在神经间的传导研究赢得了1936年诺贝尔生理奖。

最常被人提及的梦对科学研究的作用还有德国化学家凯库勒（1829～1896年）的"苯环梦"。有一天，他睡前正因为无法解决"苯"的分子结构而感到心智憔悴，而在恍恍惚惚的梦中却清晰地看到"一个个的碳原子站在我的眼前，像蛇一般不停地绕着圈子，这是什么？有一条蛇咬住自己的尾巴团团转，团团转……突然光线一亮，我醒了，马上悟出苯的'环状'结构来！"

法国音乐家塔提尼（1692～1770年），曾在一次梦中看见自己像浮士德一样和魔鬼撒旦订了协议，把小提琴交给魔鬼。塔提尼后来写道："我非常惊异，魔鬼就一把抓住小提琴，以炉火纯青的技巧演奏了一首极其美妙的奏鸣曲，他的小提琴演奏得多么美妙动听呀！那首奏鸣曲优美细腻极了，完全超出了我的想象。"塔提尼醒来后立刻按照自己的记忆将优美的旋律写出来，就成了迷人的《魔鬼的颤音》。

根据英国剑桥大学哈钦森教授大量的问卷调查，有70％有贡献的学者有这样的一种感受："在他们的创造性活动中，梦境发挥了重要的预示作用。"

第四，各种精神刺激引发。人的各种情绪变化都可能引起人做不同的梦。

有人因喜而做梦，梦到自己看见百花齐放；有人在实际生活中遇到令自己非常生气而又相当棘手的事情，在梦中会采取种种措施；也有人因总是担心失去自己的荣华富贵而"昔昔梦为人仆。趋前作役，无不为也；数骂杖挞，无不至也"；也有人因失去亲人而过度悲伤，彻夜难眠，合目则梦见失去的亲人；还有人因亲眼目睹车祸，深感恐惧，闭眼则乱梦纷纭，常从梦中惊醒等等，所有这些都说明人的喜、怒、哀、忧均会引发人们做到各种各样不同的梦，即所谓"七情至梦"。

人体的左右两侧都是对称的吗

如果把一个人的身体从正中线分成左右两侧，它们是不是完全对称呢？

乍一看，左右两侧好像是完全一样的，因为谁都知道，如果通过鼻子到两腿中间作一条中轴线，那么一双手、两条腿、两只眼睛、一对耳朵等，十分对称。除此以外，毛发的分布，人体表面的凹凸不平，也是左右对称，鼻子和舌头等虽然是成单的，但是鼻子位于面部中央，舌头居于口腔中间，而且它们的形状也是左右对称的。

其实，人体的左右两侧并不完全对称。大部分人的额部，左侧比右侧稍大一些，所以右面颊略微向前突出。有些人的眼睛，一只大，一只小，一边高，一边低，一只双眼皮，一只单眼皮。有的人眉毛一高一低，耳朵一大一小。大部分人的右手比左手长。在长度、重量和体积等方面，右腿也超过了左腿，怪不得蒙上眼睛在平地自然行走，过一段时间就会向左弯过去。当你穿着新买的鞋子走路时，往往感到一只鞋子配脚，另一只却并不那么舒服。原来人的双脚一大一小，也不对称。

人的内脏器官也不对称，心脏的三分之二在身体正中平面的左侧，三分之一在右侧。左肺只有上、下两叶，右肺却分上、中、下三叶。肝脏的大部分和胆囊在身体的右侧，胰腺的大部分及脾脏却在左侧。

人体不光形态结构不对称，各器官的机能也并不对称，60％的人右眼的作用大于左眼，人在正常呼吸时是轮流使用左右鼻孔的。但是用右鼻孔呼吸时大脑容易兴奋，神经处于紧张状态；而左鼻孔正好相反，它是在轻松安宁的时候进行呼吸的。

机能不对称最明显的例子，莫过于左右利手了。大多数人习惯用右手，他们用右手吃饭、写字，这些人被称为右利手。也有少数人偏爱用左手，他们的左手似乎比右手更重要，这就是左利手或左撇子。

左脑半球与右脑半球，在形态和功能上都是不对称的。大脑前上方的额叶，右侧较左侧大，而后下方的枕叶，则左侧较右侧稍大。研究表明，就大多数人来说，左脑主要负责语言，进行数学逻辑分析；右脑则与知觉和空间有关，它是音乐、美术、空间的知觉辨认系统。

人体的不对称是生来具有的吗？出现这种不对称以后便一成不变了吗？一般，形态上的不对称大多是生来具有的，但功能上的不对称就不一定如此。比如，脑功能的不对称是四五岁才形成的。在这以前，左脑和右脑接受和掌握语言的能力是相等的。过了四五岁，就会有一个大脑半球，通常是右脑失去接受和掌握语言的能力，变成"哑半脑"；而另一个大脑半球则专管语言、抽象、综合和概括。

有时，人体的不对称情况也会发生变化，有人曾对800名中小学生做过调查，结果7~9岁的儿童10%是左利手；14~15岁的少年中，左利手占4.3%；而16~17岁的少年中，左利手只有3.4%。这些数字表明，随着年岁的增大左利手越来越少了。

上面说的都是正常的不对称，另有一类异常的不对称。例如，正常人的心尖都朝向左下方，心脏略偏左侧，可是有极少数人，心脏偏于右侧，心尖朝向右下方，这就是右位心。更为奇怪的是，有的人腹腔里内脏器官的位置左右颠倒了：脾脏和胃在右侧，肝脏和胆囊在左侧，好像打开腹壁，对着一面镜子所看到的映象。

人在生病时，外貌、四肢和器官的功能也会变得不对称，例如，半身不遂的人，一侧手、脚便会活动困难；颜面神经麻痹的人，面部五官会明显不对称；将要中风的人，有时会半身出汗，而另一侧却无汗。因此人体的一些不对称，又成了疾病的信号。

当你发现自己身上的不对称现象时，不必为此担心和不安，人体的不对称大多是正常现象。相反，完全左右对称的，倒是非常罕见的。

说不清道不明的返祖现象

　　新生儿长有尾巴，海豚长有后肢，这些都被认为是"返祖现象"。然而究竟什么是返祖现象？为什么会出现返祖现象？这些至今还是个谜。

　　每年10月到次年4月，日本都要捕杀大量鲸类。每年他们要杀死约20000条鲸。但是其中的一条宽吻海豚（科学家现在把它叫做AO-4）却逃过了一劫。救了海豚性命的是它的奇特相貌：除了通常的一对前鳍外，这条海豚后面还有一对小鳍。专家指出，在早期海豚化石上，也有较小的后鳍。美国东北俄亥俄大学医学院的约翰尼斯·西维森说："这看上去像是海豚4000万年前的祖先。"新闻界马上相信了这个说法，报道了海豚的"返祖现象"。这种说法很吸引眼球，但是否可信呢？

　　说任何一种动物"返祖"都是有争议的。大半个世纪以来，绝大多生物学家都不大愿意用这个词，因为他们都不忘一条进化论的定理——"进化不可逆"。但是随着越来越多的事例出现，随着现代遗传学的面世，这条定理不得不改写了。"返祖现象"在进化中不但是可能的，而且有时在进化过程中扮演着重要角色。

　　1890年，比利时古生物学家路易斯·多罗提出，进化是不可逆的，"已经进化的生物体不能回复到、哪怕是部分地回复到早期的发展阶段"。20世纪初的生物学家也得出了类似的结论，虽然他们是以概率的形式表达的——没有理由说进化不可逆，只不过是没有可能。于是不可逆的说法站住了脚，被称为"多罗定理"。

　　如果多罗定理是对的，那么返祖现象即使有，也是极少的。然而，差不多从一开始就不断有例外出现。例如，1919年，在加拿大温哥华岛附近捕到一条驼背鲸，它长着一对1米多长的附肢，形状像腿，骨骼发育完全。探险家罗伊·查普曼·安德鲁当时主张，这条鲸必定是回复到陆生祖先的性状。"我看不出还有其他的解释。"他在1921年写到。

自那时起，又发现了许多案例，使得再说"进化不可逆"已经毫无意义了。这形成了一个谜：为什么某些个体会重现数百万年前祖先的模样？

1994年，美国印第安纳大学的鲁道夫·拉夫和他的同事决定用遗传学找出进化倒退现象的发生概率。他们推论说，凡是涉及基因消失的那些进化都是不能倒退的。但是，也有一些进化可能是旧的基因不表达，一旦这些"静默"的基因重新表达了，他们认为消失很久的特征又会重新出现。

拉夫的团队进一步计算其发生的可能性。一个不再有用的基因能够在一个物种里保存多久呢？他们算出，静默基因在少数个体中很可能保存600万年，有的甚至可保存1000万年。换句话说倒退是可能的，但只限于相对较晚近的进化。作为一个可能的例子，团队举出了生活在墨西哥和美国加利福尼亚州的钻地蝾螈。像大多数两栖动物一样，钻地蝾螈小时候都像一条"蝌蚪"，经过蜕化才会成年。只有一种美西蝾螈是例外，它成年时不经过蜕化。对此，最简单的解释是：美西蝾螈失去了蜕化的能力，而其他蝾螈仍保持着这种能力。然而，从对于两栖类动物家族树的详细分析可知，很清楚，其他世系是由一个没有蜕化能力的祖先进化来的。换句话说，钻地蝾螈中的蜕化是返祖现象。事实上在整个群体中，蜕化在1000万年间一直时有时无，一些物种失去了这种能力，而它们的后代又恢复了。

蝾螈的例子适合拉夫1000万年的框架。不过，最近报道的例子打破了这个时间限度。2006年，耶鲁大学的生物学家冈特·瓦格纳报道了对南美巴克蜥的进化历史的研究结果，巴克蜥大都长有细小的四肢；有的则看上去更像鳗鱼而不是蜥蜴，更有少数巴克蜥后肢上的趾完全消失了。但是，另一些品种的巴克蜥后腿长有4个脚趾。

最简单的解释是，有脚趾的世系从来没有失去过脚趾。但是瓦格纳不这么认为，根据他对巴克蜥家族树的分析，有趾种是从无趾的祖先再进化来的。更有甚者，失去后再重新获得脚趾的过程超过了1000万年。瓦格纳说："在这个具体案例中，我们证明了多罗定理是不正确的。"新近又有一篇论文提出，竹节虫在3亿年前失去了翅膀，以后它的一小部分后裔先后重新长出了翅膀。

究竟发生了什么事呢？一种可能是，这些性状重新进化的途径都差不多，因而互不相干的种类会长出相似的器官组织，例如鲨鱼和逆戟鲸都长有背鳍。另一种更令人感兴趣的可能是：生长脚趾或翅膀的遗传信息经过数千万年，甚或上亿年之后，不知怎么仍然在蜥蜴和竹节虫那儿保留了下来，并且恢复了活性。这些返祖性状具有一定优势，因而在整个种群中扩散开来，有效地颠覆了进化。

但是如果静默基因在600～1000万年间就退化了，失去的性状又怎么能在更加长久的时段之后重新活跃起来呢？答案可能在子宫里。

许多物种的早期胚胎会出现祖先的特性。例如，鲸和海豚的胚胎会萌发出后肢的胚芽。人类胚胎有一条尾巴的胚芽，之后在胚胎发育过程中，胚芽又消失了。但是，要是"让它消失"的过程出了差错（或许是发生了突变），祖先的性状可能就不会消失了。"如果这一机制重新启动了，那么你就可以名正言顺地被叫做返祖体了。"瓦格纳说，或许这正是日本海豚身上所发生的。这也可以解释为什么成年的鲸和海豚有时候在后肢芽的位置长有骨质突起，以及为什么会不时抓到生腿的蛇。

但是，生物为什么要在胚胎发育早期保留祖先的结构，而目的只是为了随后再消失？在某些情况下，远古的特征在发育中依然起着一定作用。例如，脊椎动物胚胎先发育出一条类似于早期脊椎动物的软骨脊椎，然后作为脊椎骨的模板。达尔豪斯大学的生物学家布朗·霍尔认为，"它具有重要的胚胎功能。"

另一些暂时的胚胎功能，例如鲸的后肢芽则很难解释。一种可能是它扮演着一种我们尚不了解的角色。另一种可能，按照英国巴斯大学的发育生物学家乔纳森·斯莱克的说法，它们之所以存在是因为从来没有要它们消失的进化压力。"尾骨之存在，是因为它原本就在那儿，并不是因为它有什么具体的功能。"

但是，这带出了另一个问题：为什么引导后肢或尾巴生长的基因没有像其他静默基因那样废掉呢？回答可能是它们并没有真正静默。

即使某个器官没有用了，只要身体的其他部分需要，与之有关的基因仍然会保留着。正如霍尔指出的，不存在腿的基因或是尾巴的基因，每个器官都涉及多个基因，而许多基因都涉及身体完全不同的部分。例如，鸟类、蝙蝠、昆虫的翅膀都是腿的变异。毛发、牙齿、羽毛和鳞片是同一类型的变异——这就是为什么由于某些干扰，人的牙龈上会长出毛发来。

这说明了基因为什么需要让久已消失的性状长期保存下来，超出了拉夫的1000万年的时限，只要这些基因还在，看来古代的发育程序在生活中还会重新萌发。例如，鸟类在7000万年前就失去了牙齿，然而1980年，在一个著名的实验中，美国康涅狄格州大学的爱德华·科拉尔设法诱导小鸡胚胎长出了未发育的牙齿。科拉尔解释说，这意味着他不知何故唤醒了沉睡的遗传程序。该结果是有争议的，批评者如拉夫认为，所谓“鸡的牙齿”完全是人工制造出来的。然而2006年，威斯康星大学的约翰·法伦描述了鸡胚胎中的一种突变，它会引发牙齿的发育。此后，批评者开始沉默了。

即使说鸡的牙齿基因之所以能保留下来，是因为它们在身体的其他部分有用，但这也不能解释所有问题。能够在正确的地方、按照正确的顺序，重新创造出一种消失已久的性状，这本身就令人十分吃惊。法伦承认，“我不知道这怎么可能。”

如果返祖现象真是一种大倒退，并且在各种动物中都有，那么我们人类呢？自从600万年前与猿分道扬镳之后，我们进化得很快。我们的手指和手掌变短了，拇指则变得更长、更有力、更灵活了。我们的体毛没有了，汗腺却更多了。我们用双脚站了起来，有了语言和独特的认知能力。

临床上有许多病例报告说，人类身体的各部分都有返祖现象，从大大的犬齿到猩猩那样的尾巴都有出现。有学者还认为，有些行为也像是返祖现象。但是这些是否都属返祖现象呢？除非遗传分析表明，这些情况确实是回复了祖先的性状，而不是发育异常，否则就很难下此断言。

例如，多毛症经常被认为是一种返祖现象，这是一种罕见的症状，患者整个脸和身体其他部分都长满浓密的毛发。但是你再去看看猩猩或猿，它们脸上的毛比许多人还少些呢。甚至有一份报告说，长臂猿（那也是一种脸上没毛的猿类）也有患多毛症的。所以如果多毛症是返祖现象，那也不是回复我们最近的猿类祖先的性状。

另一种说法是，某些行为综合征是返祖现象。2002年，荷兰莱顿大学的研究者提出，猝倒症（一种由于受到强烈感情刺激而引起的肌肉弹性和力气突然丧失的病症）是一种返祖现象，就好像兔子突然受到强灯光照射时会愣住不动。类似的，当我们用手做一些技巧性的工作，比如缝纫时我们嘴巴的习惯动作可以反映出猿类祖先的行为，因为猿类通常是手和嘴一起用的。当然，在我们了解本能和行为的遗传基础之前，这些说法是未经证实的。

不管怎样，有一种情况几乎可以肯定属于人类的返祖现象。文献中有100多例新生儿长有尾巴的报道。这些尾巴有的只是脂肪质的附肢，有的则包含多余的椎骨、韧带和肌肉，有的甚至还能动。"这很清楚是一种返祖现象。"德国马克斯·普朗摩尔遗传学院的伯纳德·赫曼说。他专门研究脊柱的发育，他说："所有脊椎动物都具有长尾巴的能力。"随着胚胎的发育和延伸，首先出现了脊柱，稍后再长出尾巴。就人类来说，这个过程停止得比较早。但是如果有什么破坏了"停止"信号，脊柱延伸的过程就会继续。"在胚胎中有一个固有的限制机制，使得尾巴在适当的时候停止生长。"伦敦儿童健康研究所的安德鲁·科皮说。他曾经帮助识别某些与尾巴形成有关的基因，人长出尾巴，可能是因为多长了一段脊椎骨，或者是自我控制机制失灵，或者是两者都有。该突变的根源尚未弄清，而且尚不清楚人类的尾巴是否像我们的猿类祖先。我们对于从猴子到猿之间的过渡物种只找到一些化石牙齿，因此我们的祖先是什么时候、为什么失去尾巴依然是个谜。

总之，无论人群中的哪一种返祖现象（而且除非每种现象的遗传都弄清楚了，我们根本无法肯定它们确实是返祖现象），它们显然比生物学家一度认为的更加普遍。它们潜伏在我们的基因组里，一旦发育过程中出现什么差错就会表现出来。在某些情况下，返祖现象远非一种倒退，而被证明是一种有利因素，能够在整个种群中扩散，以它的倒退来推动进化。要是人类有一天被迫回到树上，我们失去已久的尾巴可能又会回到我们身上了。

婴儿学习语言之谜

人类如何学会语言？小婴儿是如何从外界接受语言信号，逐渐建立起自己的语言能力，与人交流？这些一直都是科学家们非常感兴趣的，但又一直找不到一个普遍认可的答案。美国的一名科学家为了解决这个问题，决定观察婴儿学习语言的过程。

据英国广播公司（BBC）报道，美国麻省理工学院教授迪布·罗伊喜获贵子后，决定借此便利观察他的儿子是如何学习语言的，将通过3年的录音、录像等手段记录下这个宝贵的过程，并希望通过数据分析最终获得人类初生如何学习语言的答案。记录已经开始11个月，记者通过邮件采访了罗伊教授，向他了解开始和进展情况。

14个麦克风11部全方位摄像机记录婴儿成长过程：

罗伊教授和他的研究小组把这一计划称为人类家庭语言计划。11个月前当罗伊教授的儿子出生后离开医院，这个计划便启动了。14个麦克风和11个全方位摄像机将在这个新生儿来到这个世界的最初3年里一直保持工作状态。在罗伊的儿子醒着的时间里，他的一切活动和发音都被这些设备记录下来。监视系统在早上8点打开直到晚上10点关闭，每天收集大约

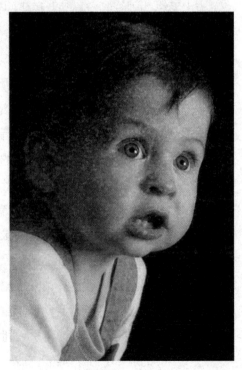

△ 11个月的婴儿宝贝

350吉伯的压缩数据。

这11部全方位数字摄像机和14个麦克风隐藏在各个房间的天花板上，包括厨房、餐厅、客厅、游戏室、门口、健身房、3个卧室、走廊和卫生间。摄像机可以捕捉到房里发生的任何可能是潜在的婴儿学习语言的因素，每秒钟可以记录14个画面，任何微小的动作都被记录。不过由于现有技术的程度限制，诸如眨眼等非常细微的面部表情还都无法被捕捉，这些表情都被认为是学习语言非常重要的线索。

14个麦克风组成层级式录音系统，记录这所房子里任何的声音资料。在记录声音的过程中，录音系统会自动地将噪音削弱。14个麦克风可以把所有房间的声音记录，通过14个频道刻录到CD盘中。当房间中没有杂音时，即使是轻声的耳语都不会被漏掉。

经过计算，3年的记录工作将记录下33.8万小时的数据，其中包括14.2万小时的视频和19.6万小时的音频。

庞大系统共同绘制一幅幼儿经历的感官刺激的完整图画：

罗伊教授介绍说，数据搜集工作结束后，隐藏在天花板里的数据线将会把这些数据资料传送到麻省理工学院媒体实验室的一个巨大容量的磁盘储存系统中，该系统储存容量达到5千兆。所有的图像都会通过10台串联的电脑进行大规模数据分析，而声音数据将会储存在地下室的一个标本取样器中。

据罗伊教授介绍，目前对语言进行数据分析有两个途径：第一个是通过自动语言识别器转录，但即使是最好的自动语言识别器出错率也很高，很多噪音也可能被作为有用信息转录；因此还有第二种途径是通过人工转录，通过人工识别是婴儿产生的声音还是噪音，尽量减小转录过程中的误差。而现今的一些转录设备用于大量的语音转录工作都不是很理想。罗伊教授和他的研究组在这些转录设备的基础上自行设计了一套系统，可以自动识别长时间记录中的语音，通过数学运算，描绘出类似于光谱的声音图像。在有声音活动的区域，该系统会将声音自动记录重放进行转录。根据之前的实验，每一分钟的对话，都需要2.5分钟的转录时间。

这些不同的各个系统将共同完成一幅幼儿经历的感官刺激的完整图画，这样就可建立一个可以取代罗伊教授儿子的模型。

刚醒来为什么浑身没劲

人人都有过这样的经验，刚睡醒过来，浑身发软，没劲儿。

众所周知，神经系统是全身的司令部，一切人体的生理活动，都直接或间接地受神经中枢来调节，不论是呼吸、心跳、循环或是肌肉活动等，最后都是由神经中枢来支配的。

神经系统的活动，不外乎兴奋与抑制，当它兴奋时就支配相应的器官进行生理活动，如肌肉收缩、心脏搏动加快、肺脏呼吸加速……而当它抑制时，这些活动就暂时停止下来或变慢下来。

人在清醒时，神经系统各个部位的中枢，有规律、有分工地进行活动（兴奋），指挥身体进行必要的工作。

神经中枢不能一直处于兴奋状态，它也需要休息，也就是抑制。当大脑绝大部分中枢进入抑制状态时，人就进入睡眠阶段。

刚醒过来时，大脑就开始进入兴奋状态，但是大脑的这一转变过程并不是很迅速地，在一般情况下它需要一个过渡时期，由抑制状态转入兴奋状态。在睡眠时所有的肌肉基本上都处于松弛状态，这就像一列火车静止在那里等待出发，随着神经系统逐步进入兴奋状态，火车先"呜呜……"一声鸣笛，表明火车将要加速运行了，如果没有特殊情况，这种转变由少到多，肌肉张力将逐步恢复到全身的主要肌肉。

只有到肌肉完全恢复到原来的张力，体内各个系统器官，也都进入相应的工作状态，人才能去除发软无力的感觉，因此在刚睡醒时不宜马上从事活动量过大的工作，除非在紧急情况下。应当使身体逐渐地进入工作状态。

为什么每个人的脸都不一样

人都有一张脸，可是每个人的脸都不一样。在学校里，一个班几十个同学没有两张脸是一模一样的；一个工厂几千个人中，也找不出完全一样的两张脸；双胞胎的脸算是很相像了，但也不完全一样，总能找出一些差别来。

人的脸之所以五花八门，是因为眼睛、鼻子、嘴巴等五官的大小、形状和位置不一样。拿鼻子的形状来说吧，它千差万别，世界上没有完全一样的鼻子，从鼻根高度来看，有高鼻子、塌鼻子和介于两者之间的中等鼻子，从鼻梁的侧面看，有凹的、直的和凸的。鼻尖也有不同的形状：有的往上翘，有的向前，有的朝下垂，像鹰嘴似的。鼻孔的形状也不一样，有圆形或方形，也有三角形或卵圆形，还有椭圆形的。

人的脸各不一样，还因为脸型彼此不同。人的脸型可分为10种：椭圆形、圆形、卵圆形、倒卵圆形、方形、长方形、菱形、梯形、倒梯形和五角形。其中椭圆形的脸，最宽部位在额骨处；圆形脸，显得圆而略大；卵圆形脸就是鹅蛋脸，脸的最宽部位在眼睛处；倒卵圆形脸，最宽部位在脸颊处；五角形脸和方形脸比较接近，但下巴较突出。

我国人多数是鹅蛋脸，在南方人中，菱形脸和五角形脸的数量也较多，人们发现了这样一个有趣的现象：北方人的头部宽而短，南方人的头部长而瘦，事实果真如此吗？人类学家对中国人头部的长度和宽度，曾经作过测量和统计，发现果真如此。同是中国人，头的长度最小的只有164毫米，最大的却有206毫米，头的宽度最小的仅129毫米，最大的可达164毫米。黑龙江、吉林一带的人，头的长度最短，平均在184毫米以下，而华南的广东、广西、福建人，头的长度比北方人长，平均在187毫米以上。北方人和南方人头的宽度也不一样：华北和东北地区的人，头部宽度平均在155毫米以上，华南和西南地区的人，头的平均宽度在155毫米以下。

还有人发现，中国人的面部大体可以分成3段相等的部分：由前额发际到两只眼睛相连水平线的距离，由两眼水平线到两侧口角水平线的距离，由鼻孔底部到下巴尖端的距离，三者基本相等。脸上这3段距离不相等的人，看上去就显得不那么顺眼。当然儿童和青少年与成年人是不同的，青少年正处于生长发育阶段，一般这3段距离是不

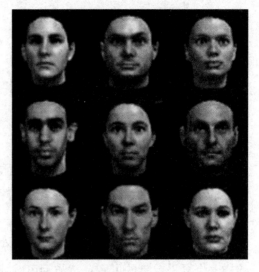

△ 不同种类的脸型

等的，而且年龄越小，头部发际到两眼水平线的距离越是大于下面的两段。

岁月催人老，却无法抹掉脸上的特征，所以你能认出阔别多年的亲人、邻居、老师和同学。一位学者拿出英国哲学家罗素4岁和90岁时的照片，熟悉罗素脸部特征的人能从幼儿的照片，发现他老年的影子，这就是因为脸部的特征是终生不变的。

研究人的头面部是很有用处的，特别对于需要合适面罩的焊接工和需要合适眼镜的近视或远视患者，头面部研究过程中重要数据将为设计这些头面部用品提供可靠材料。

痛苦悲伤为何会流泪

人在痛苦悲伤的时候，往往会流出眼泪，而当人流过眼泪之后，痛苦悲伤的情绪就会得到缓解。这是每个人都深有体会的，但对这种现象从科学上给予解释，还是最近的事。

对于人流泪，美国明尼苏达州拉姆塞医疗中心的威廉·弗雷博士提出了这样一个异乎寻常的见解："流泪可以减轻人的痛苦，如果强忍着自己悲伤的眼泪，就等于是慢性自杀。"他还认为，人在精神压抑紧张或者痛苦悲伤的时候，体内会产生某些化学物质，这些化学物质在人哭泣流泪时能够释放出来，从而使人的心情轻松一些。

那么，这些化学物质究竟是什么呢？弗雷博士决定做个实验，分析一下。他组织一批自愿受试者去观看悲剧，使他们感到悲伤而流眼泪，然后把泪水收集起来进行化学分析。弗雷博士把这种"悲伤"的泪水同不是因悲伤而流出的泪水进行比较，发现其中所含的化学物质是不同的。"悲伤"的泪水中含有神经传递素亮氨酸脑啡肽和促乳素，它们能维持脑细胞之间的相互联系。人们猜测，它们可能会起到减轻痛苦和缓解紧张情绪的作用。

在"悲伤"的泪水中还含有一些比较特殊的蛋白质，它们来自血液。这些蛋白质在一般的泪水中含量很少，但在"悲伤"的泪水中，其比例大致与血液中的蛋白质比例相当。实验表明，当人的情绪处于悲伤和压抑状态时，血液中的蛋白质会发生变化，同时也会使泪水中的蛋白质发生变化。

在"悲伤"的泪水里还含有少量激素，它们主要是甲状腺素、儿茶酚胺和睾丸酯酮等。其中甲状腺素能控制皮下脂肪代谢，与情绪变化也有密切关系，它使人易动感情、易流泪。

总之，哭泣流泪是一个非常复杂的生理过程，流泪确实能减轻痛苦、缓解紧张情绪。至于它为什么能减轻痛苦、缓解紧张情绪，还是一个未解之谜。

心脏跳动之谜

人的心脏就如同一台神奇的"水泵"，它每分钟跳动60～80次，可使5千克血液顺利地通过。一个60岁的人，一生中通过心脏的总血量多达1.5亿千克。

人的心脏为什么会不知疲倦地跳动呢？其动力从何而来呢？

20世纪60年代初期，医学家们把人的心脏放在高倍显微镜下，经观察发现，心房组织有极细微的颗粒状物质，但是由于受到当时技术条件的限制，人们未能更深入地研究下去。

20世纪80年代初，加拿大渥太华大学心脏研究所的伯德博士决定用老鼠进行实验，以揭开这个秘密。伯德从几千只老鼠的心脏中提取了几毫克颗粒状物质，然后再把这种提取物注射到一只老鼠的静脉中，发现这只老鼠的心脏产生了强烈的收缩，血量上升，小便也增多了。由于这种奇异的物质来自心脏，而又能使心脏产生强烈收缩，所以，伯德给它取名为心脏激素。

在伯德之后，美国康奈尔大学的拉雷赫博士进一步研究了心脏激素的成分和作用，并且获得了重大进展。他发现，心脏激素是由心脏上部的心耳制造出来的，是由碳、氢、氧、氨等元素合成的肽类化合物，其构成并不复杂，但作用非常大，只需几微克就可以维持血液在体内的正常循环；当人体摄入过量的盐或血量急速上升时，心脏很快就会释放出心脏激素，从而使人的血量和血压保持正常。

现在，心脏激素已经得到了广泛的应用，它在治疗心脏病、肾功能衰弱、高血压等病症方面，都有一定的效果。

头颅可以移植么

现代科学技术已经把心脏、肝、肾等人体重要器官的移植变成了现实，那么人类的头颅是否也能移植呢？

美国一名科学家怀特曾经对一只猴子施行头颅移植手术，把另一只猴子的整个头部切割下来，移植到这只猴子身上。在手术过程中更换的头颅的神经没有受到损害，术后这只猴子能用新的脑袋看和听，拥有味觉及嗅觉，能做出咀嚼、吞咽和喝水的动作。但遗憾的是，这只猴子从脖子到脚掌完全处于瘫痪状态，不久就死去了。

长久以来，头颅移植手术被视为神经外科的最高境界。头颅移植手术是否能成功，关键在于移植头颅时能否保证大脑的供养和供血，其次是神经能否吻合产生支配功能。由于人的动脉较粗，肌肉也较大，医生需较长时间把切除下

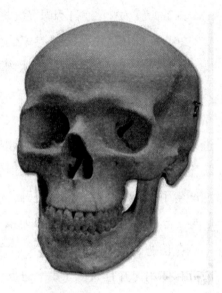

△ 人体的头颅

的头颅重新接上，脑部会因长时间缺氧而使细胞组织腐坏。

因此，头颅移植目前对人类来说依然只是一个梦想。

输血也要对号入座

血液是动物和人生命的源泉，一个健康的人无论他身体如何健壮，一旦失去全身血液总量的一半就会有生命危险。

挽救生命常常会进行输血手术，输血使一些病人起死回生，恢复健康。但人类发明输血术的历史，却经历了许多坎坷和曲折。

1667年，法国某医院的一位医生为了救治一个因大失血就快要死去的年轻人，捉来一只羊，把一根细细的银管插入羊的颈动脉，另一头插入病人的静脉，将羊血输入病人的身体。这种不科学的输血方法，居然暂时使病人恢复了健康，这位医生就是丹尼斯。

但是当丹尼斯用同样方法抢救其他病人时，大部分病人却死在了手术台上。他茫然了，同样是鲜红的血，为什么输进人体后人反而会死呢？丹尼斯为自己的试验付出了沉重的代价，法院以谋杀罪把他投入了监狱。

20世纪初，青年助理医师兰德斯坦纳立志解开输血之谜，他偷偷解剖了几个因输血致死的病人，发现他们血管的某些部分形成了血块，堵住了血流，这大概就是死亡的原因吧！他抽取许多人的血，放入编上号的试管，进行交叉混合试验，有的马上凝集，有的却相处得很好。经过反复实验，兰德斯坦纳终于搞清A型、B型、O型3种血型的秘密，为输血扫平了道路。为了表彰兰德斯坦纳对医学的贡献，1930年诺贝尔奖金评审委员会授予他生理学医学奖。

眼球为何会有不同的颜色

当我们去看病时，富有经验的医生总让我们伸舌、睁眼，这样他可以从舌头和眼睛上发现一点"信息"。

眼睛，会告诉我们些什么呢？

从眼球所呈现的颜色，可以说明一些问题。

正常的眼球，你当然看不到它的全貌。所见到的不过是外面的一些组织。首先映入眼帘的，可能是透明如玻璃的角膜与乌黑的瞳仁；再有是淡蓝或瓷白色的巩膜（就是普遍所称的"眼白"），在瞳仁的四周，不少病症就可以在这里窥见。

眼白，应该是呈瓷白或浅蓝色，如果变色发黄，尤其在日光下，泛出黄色，很可能是肝病或溶血症（即大量红血球溶解破坏）的信号。重要的一点是，黄色的深浅代表着黄疸的轻重：色深，黄疸就重；色浅就轻。而且巩膜上黄疸的出现比皮肤发黄为早，医生能提前发现问题。

眼白发出一片紫红，还带点隆起，同时眼睛疼痛，这是告诉人们：巩膜在发炎。要是一个头部受伤的人，发现眼白为鲜血所掩盖，鲜红一片，要警惕可能眼眶受伤或颅脑重伤，多半伤势不轻。

一种少见的黑变症，在巩膜显示黑大理石似的斑纹，不过单纯的几个棕色或灰黑色的色素症，这是巩膜色素症，不是病症。

罩着眼珠外面的一层透明的薄膜，那是"角膜"，如果老人的角膜四周，出现灰白色的环这可以放心，这是"老年环"，是老年的标志，当然也有个别青壮年发生这类改变，这些都不影响视力。可是，如果环的颜色是绿的，这绿的东西，是铜的沉积，是先天性铜代谢异常的病症。

正常角膜，应该光亮透明，要是变得干燥无光，黯然失色，甚至出现灰白色混浊，是表明缺乏维生素A，得了角膜软化症，应该赶紧医治。

角膜还会发炎，除了眼痛、怕光、流泪之外，角膜表面水肿、粗糙；角膜四周发红、充血；待炎症消退，可能见到白色混浊斑，那是角膜斑翳；如果白色混浊的斑块既深且厚，就成角膜白

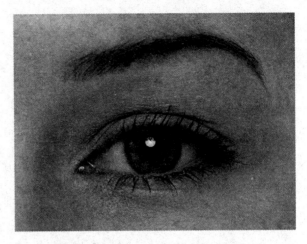

△ 人的眼球部位

斑，可能挡住视线，影响视物，这些白斑或斑翳，是角膜溃烂遗留的疤痕。

假如往瞳孔内部看去，那是深邃而暗黑的一片，几乎见不到什么，可是如果能见到瞳孔有白色的一块，就有可能是白内障，等到能用肉眼看到它，这已是白内障的成熟或过熟期，就得求助于医生了。

最常见的要算"红眼病"了，这是一种急性结膜炎。所谓结膜，是覆盖在眼皮内层和巩膜外面与角膜相连的薄膜。它的发炎，使这些地方一片火红，成为名副其实的红眼或火眼，大约起病后3~4天，到达高潮；10~14天后渐趋消退，这是眼的传染病，往往同时有眼痛、怕光、流泪、视力模糊及眼屎多等症状，与红眼病相似的另一种眼病是流行性出血性结膜炎，它也具有强烈的传染性，但症状更严重，往往在眼结膜上有点状或片状出血。

长时间在户外劳动的人，遭受日光和风尘的不断刺激，从眼白的一边，向瞳仁边缘细看，上面还带细丝状的血管发黄白色，这是翼状胬肉，实际上这是结膜的增生组织，如果胬肉少而静止，不治也无妨；不断长大的，应该用手术切除。

眼泪是多余的吗

　　由于眼泪和哭泣是一对孪生兄弟，所以一提起眼泪，人们就会想起哭，人伤心时会哭，高兴时也会哭，喜怒哀乐常常会使人热泪盈眶。

　　其实，在日常生活中情绪变化只是流泪的一个因素，眼内有异物侵入时会流泪；眼睛受烟雾、辣椒、香葱等气味刺激也会流泪；当眼球疲乏酸疼时，眼眶内也会充满泪水……

　　一般认为眼泪是伤感、懦弱的象征，它是多余之物，于人无补，因此男儿有泪不轻弹，以示男子的坚强意志。

　　无论如何，眼泪都是人体的一种反应，是人体求得平衡的一条途径。

　　眼泪是泪腺的分泌液，它本身有湿润角膜结膜，润滑眼球运动，清洗尘埃的作用。如果没有泪液分泌，眼球的运动不可能如此润滑，即使一粒很小的灰尘也会马上使眼睛停止工作。眼泪也不单纯是水，眼泪中含有约20％的蛋白质、盐分、脂肪和其他成分，因此眼泪既是一种润滑剂，也是一种营养液和杀菌液。

　　泪腺其实每时每刻都在分泌泪液，只是分泌的眼泪量不多，一般不溢出眼眶，也不为人所注意。一旦眼睛

△ 人的眼泪

内有异物侵入或受到其他刺激，泪腺就会分泌出数倍于平时的泪液，以此来缓解刺激，排出异物。

人在情绪波动时流出的泪水有什么作用呢?

经过科学家研究发现，人在伤心、高兴、愤怒等感情冲动时所流出的泪水与受到葱、蒜味刺激所流出的泪水相比，化学成分是不同的，前者的白蛋白含量很高，且普遍含有亮氨酸——脑啡呔和催乳激素，而后者的白蛋白含量很低，且普遍不存在上述两种物质。白蛋白是人在情绪压抑时所产生的物质，亮氨酸——脑啡呔和催乳激素只有人在感情冲动时，神经细胞才会释放，这些物质积蓄在人体内，会引起溃疡、炎症等疾病，而眼泪正是给这些物质提供了排出体外的机会，如果有泪不弹的话，眼泪只好从角膜进入鼻腔，再经咽喉部进入消化道，眼泪中的有害物质便在代谢过程中引起各类疾病，如哮喘、胃溃疡、心脏病、血液循环系统的病。所以有的专家认为，女人比男人更长寿，原因之一就是女人比男人爱哭，眼泪能"排忧解难"，所以眼泪不是多余的。

脂肪肝一定是"富贵病"吗

当今，人们所说的"富贵病"，并非医学上指的那些具有特定含义的疾病，大概是指因为富裕"吃多了"引发的病患，其概念是比较模糊的。据说：肥胖病、脂肪肝就是这类的"富贵病"。

人有脂肪肝这种"富贵病"这是不用说了。奇怪的是猪、牛、羊、狗、猫、鸡、鹅、鸭甚至野兽野禽，也都有脂肪肝。动物有脂肪肝，有的确实是与"富贵"（吃多了）有关；但有的却是别的原因所造成。这就是说，脂肪肝不全是"富贵病"。应该为它们正名，分清是非。

所谓脂肪肝，医学上是指机体的肝脏发生了一种叫脂肪变性的病理变化，这时，肝的许多肝细胞胞浆里充斥着多少不等与大小不同的游离脂肪小滴。用通俗的话来形容它；就是这个肝变为肥肥腻腻，充满了油脂。

在正常情况下，肝细胞内是不会出现这类游离的脂肪小滴的。因为机体内除了脂肪细胞以外，存于其他细胞内的脂肪物质，大多是与蛋白质结合，而以脂蛋白这种复合物形式存在的。

患有脂肪肝的人或动物，含于肝细胞胞浆内的脂肪小滴，其性质绝大部分都是中性脂肪，也即人们在医院化验单上常常看到的名为"甘油三酯"这种物质。

那么，脂肪肝从哪里来？

谈到人或动物的脂肪肝的形成原因，确实有相当一部分是与"吃多了"有关。

人的"吃多了"应归结于自身的饮食无节制，大饮大食，日以为常，特别是经常摄入大量富含脂肪或可以转化为脂肪的食物。

在动物方面，"吃多了"可是被动的，完完全全是人为造成的，如人们用过量的营养物质对动物强制实施人工"催肥"（像填鸭与猪的肥育就是这样），同时又限制它们的活动（减少能量消耗），使之"收入增多"而"支出减少"，结果动物就胖起来了。过度肥胖的人和猪鸭，当然都有可能引发脂肪肝。

除了营养因素外，脂肪肝也可以是以下一些原因所引起的。

中毒：已知来自某些杀虫剂、消毒剂、麻醉剂等的化学成分以及霉菌毒素都有抑阻酶的活性作用，从而可以导致脂蛋白合成障碍，使中性脂肪得以"原封不动"地进入肝细胞内，形成了脂肪肝。

缺氧：机体任何原因的缺氧，必将导致肝细胞的氧化活动减弱，发生脂肪酸氧化障碍，而转向合成甘油三酯，结果造或脂肪在肝内堆积。

各种伴有高热的传染病、败血症：在这种情况下也会形成肝（以及心、肾等器官）的脂肪变性。这是毒素、缺氧等多种因素综合影响的结果。

此外，由于食物中长时间缺乏为合成脂蛋白所必需的磷脂，也有可能引发脂肪肝病变。

谈完了脂肪肝的发生原因，让我们来看看它的病理形态。

已经发生脂肪变性的肝脏，因病情轻重不同，稍见增大或显著增大，呈淡黄色或黄色，切面隆起，结构模糊不清，富油脂感，质地松脆。石蜡切片（一种制作标本的方法）标本在显微镜下可以看见肝细胞的胞浆内有大小不等的空泡（因脂肪滴在制片过程中已被溶剂溶去，故只留下空泡），肝细胞的胞核多被脂肪滴挤压至细胞的侧边。如果要清晰地显示原来存在于肝细胞内的脂肪滴，可以采用冰冻切片与组织化学染色的检验方法。

人们从菜肉市场有时会发现有脂肪变性的猪肝或家禽肝出售。从肉食卫生的角度看，因中毒、感染或败血病形成的脂肪肝，由于多伴有全身其他病变和存在微生物，对人健康有害，是禁止食用的。而单纯由营养因素所致、且无其他病变的脂肪肝，虽其营养价值有所下降（如蛋白质含量减少，而中性脂肪相对增多），但无碍食用。

最后还要说的，是长久以来流行于西方的一种名为"肥鹅肝"的食物，它是从专门肥育的鹅（或鸭）体内取得的。这是一种名贵的传统食品，价格不菲。但从卫生观点评价，这是地道的脂肪肝，肝内含有的脂肪特别多，说它是"美食"无妨，但终归不是有益健康的食品。

肾脏探秘

　　在人和许多动物的日常生理活动中，肾脏可称得上是身体内最忙碌的器官之一了，它从来不知疲倦，夜以继日无休止地在工作着。

　　肾作为重要的泌尿器官这是人所共知的。在高等脊椎动物，泌尿系统在大体结构上是这样的：成对的肾脏在"制造"尿液，肾脏之后有承受尿液的输尿管，后者则连接于两肾共同的贮尿器膀胱，膀胱在它狭小的颈部（称"膀胱颈"）转为尿道，最后以排泄口与外界相通。在不同性别的动物，尿道和它的排泄口的结构是不一样的。

　　在细微结构上，每一个肾都有无数的肾小球和肾小管，其间分布着复杂的血管、神经以及作为支架的结缔组织。

　　每一个肾小球与它相连接的肾小管被称为一个"肾单位"。"肾单位"是一种功能单位，它们是肾脏的主体结构，担负着繁重的泌尿生理活动。令人称奇的是，人和高等脊椎动物竟然拥有数以百万计的肾单位，它们有如肾脏这一重要器官的"百万大军"。某些研究资料表明：绵羊（两个肾，下同）拥有的肾单位约100万个，这些肾单位的总和表面积达到3.5平方米左右；猪约有140万个肾单位；牛的肾单位竟多达800万个，表面积为39.5平方米。在各种家畜中，兔和猫的肾单位最少，只有30～40万个，但用其来完成正常的泌尿活动还是绰绰有余的。

　　肾小球也叫血管球，它由成团的毛细血管所组成，其周围包罩着一个囊状的结构叫肾小囊。进入肾脏的小动脉有一条输入的细小分支，称"人球微动脉"，它经由肾小囊进入血管球内，从而形成许多互相衔接的毛细血管网，后者复再汇成一条输出的细小分支，称"出球微动脉"而离开肾小囊。

　　由此可知，进入与输出肾小球的两条血管都是动脉，这是一种很特殊的

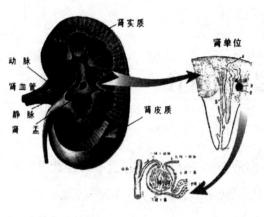

△ 人体肾脏结构图

结构。有趣的是，人球的微动脉是又粗又短，而出球的微动脉却是既细且长，这样的结构使得入球血管内的血压比出球血管内的血压要高一些，造成的这种"进"与"出"之间的血压高低差异现象，正可"不费气力"地使血管内的水分和某些物质顺利地滤出血管外，而形成尿液。

要知道，在肾小球内部形成的尿液还不是真正的尿液，它只是肾小球的"滤出液"罢了，充其量也只是一种"未经加工"的"原尿"，因为其中绝大部分（约85％）的水分应该保留下来。还有，这种液体中还含有葡萄糖、氨基酸和若干矿物元素等有用物质，也是不应该随尿液向体外排泄的。因此，连接于肾小球的肾小管就负有对"原尿"重新吸收（吸收水分和吸收有用物质）与排泄真正尿液的双重任务。

肾小管的类型及其分布状态颇为复杂，尿液由它的"发源地"肾小球进入漫长的肾小管，要走过许多名称不同的"地段"。最先是与肾小囊囊壁的外层相互连接的起段，这一段的管径一般都很纤细，到了由其延伸部分形成的"近曲小管"才逐渐变为粗大，但路径迂回曲折，所以管腔不很规则；与"近曲小管"相连的是较短的"远曲小管"，后者则与肾小管最后的管道"集合管"相通。一些"集合管"经过汇集，最终进入管径更大的"乳头管"，流经这里的真正尿液由此再注入输尿管并储存于膀胱……

高等脊椎动物与人类的肾脏，其结构竟是如此复杂，可谓巧夺天工，而且功能又特别精细，它能把近似于血液的成分变为尿液，已是"身手不凡"，而与此同时，且能保留住身体内有用的大量水分和营养物质，只排泄日常物质代谢过程中产生的种种有毒废物，这种"明察秋毫"的本领实在不同凡响。难怪在科学技术日新月异的今日，人类还不能研制出与真家伙一模一样的人工肾来。

皮肤出血为什么能自动止住

当你一不小心把皮肤割破时，血液会马上从切口渗出，一般说如果切口不大，就是不加包扎，血液也会在几分钟内自行止住，不再继续流血。

这是为什么呢？

因为血流能自行凝结，凝固的血液能把破损的血管口堵住。

如果用显微镜来观察那些堵住伤口的凝血块，你就会发现其中有一丝一丝的东西，还有血球及其他的一些碎片，这种现象很像我们在防汛时，用大砂包、竹条、泥土、石块、稻草等堵住堤坝的堵塞物。

这种凝血的过程是一个十分复杂的生理过程，在这个过程中它需要10多种物质的参加，我们把这些物质叫做凝血因子。

在血液中，血小板与红细胞、白细胞一样，是血液中的有形成分，它们的体积比红、白细胞要小得多，在每立方毫米的血液中，大约有10～30万个左右。血小板很怪，凡是粗糙不平的地方它就容易在那里停留、积聚。平时，我们体内的血管是异常光滑的，所以它与血管和平共处，但当血管被割破出现裂隙时，这里就不再平坦光滑了。这里就成为多事之区，血小板本着维护和平的原则，大量地奔赴出事地点，在那里黏着、积聚、进一步凝聚。与此同时，它舍身取义，破裂而释放出能使血管收缩的一些物质，如血清紧张素，帮助堵塞伤口。

但是终因势均力敌，光有血小板，还很难堵住伤口，还要有赖于其他物质的参加。在这其中，最重要的要数纤维蛋白，我们在显微镜下见到的那些细丝状的物质交织成网，就是纤维蛋白。

纤维蛋白是由纤维蛋白原转化而来的。正常人的血液中，有少量的纤维蛋白，但很快会被溶解掉，这是因为血液中有一套防止和促使纤维蛋白分解的系统，在正常情况下，它们保持协调状态，这样血液就会保持在不凝固的流畅状态。比如有一种物质肝素，它普遍存在于全身各器官组织中，尤其在肝脏、肺脏中含量最多，这种物质能有效地防止血液凝固，因此在正常情况下血液是不凝固的。

当血管破裂后，大量血小板在伤口处被破坏释放出一些物质，这些物质会引起一连串的连锁反应，使细丝状的纤维蛋白大量生成，聚集在伤口处，并把血细胞等有形成分拦截堵塞，凝结成胶冻样的物质，这就是凝血块。

正常人的凝血时间一般为3分钟。健康人的血管平整光滑，并不发生自身凝血，有的人患动脉硬化，动脉管壁上有一些粗糙不平的物质会沉积在这里，血液也会在这里凝结成块，这就是血栓。如冠状动脉硬化，血栓会堵塞冠状动脉，就会发生严重的心肌梗塞。

相反，如果凝血的机构不健全也是一种病态，有的人血小板的数量太少，或血液中缺某些化学成分，皮肤割破后，流血不止；有时虽然皮肤并不破损，在体内关节、皮下或肌肉处，也会出现出血的现象。

人体的"第二心脏"——脚

人的一只脚共有26块骨头，19块肌肉，33个关节，50多条韧带，50万条血管，4万多个汗腺，它可真是一部神奇的机器！

众所周知，脚在人体中主要的作用就是支撑全身的重量和用来走路，但脚还有一个重要的作用，却为人们所忽视。

脚是人体的第二心脏。为什么这样说呢？

人的脚处于人体的最下端，有着丰富的毛细血管和神经末梢，通过脚——脊髓——脑而传入大脑。由于脊髓的各种神经与体内的各脏腑器官有直接的联系，故在脚上存在着反映各个脏器的反应点和反应区，故有"树枯根先竭，人老脚先衰"之说。

脚离心脏最远，却有帮助心脏工作的作用。由于脚离心脏最远，因此从心脏泵出的血到达脚部时速度比较缓慢，又加上地心引力的影响，血液就较易滞留于足部，如不改善这种状况，就会引起恶性循环，即静脉回流血量不足，这时可以出现足发冷或发热，脚部充血或瘀至下身的血流不畅，上半身的血液量增多，头部充

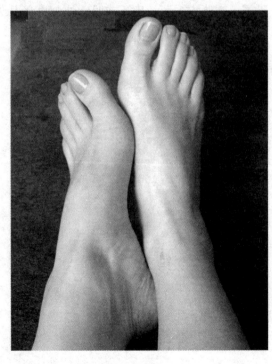

△ 人体的"第二心脏"——脚

血，引起眩晕、头痛等症状；走路无力，稍一走长路，即感疲劳，脚肿胀，血压升高或降低，心脏负担加重，足部肌肉弹性减弱，皮肤出现斑点、淤斑、脚气、鸡眼等。

我们经常走路，行走时是靠脚趾把身体移向前方，这时随着筋肉的活动，血管扩大，血液更容易向下流动，当脚后跟着地并再移到脚趾运动之前，筋肉会收缩，血管会被压迫，把血液推向身体的上部——心脏部位。也就是说，行走可以帮助把远离心脏的血液推向心脏去，起一个泵的作用。因此人的健康在很大程度上受脚的左右，真可谓健康的体魄，要始于足下，所以脚为人体的第二心脏。

在日常生活中，除了要坚持多走走，加强锻炼，给脚以良性的刺激外，还要对脚加以保护和爱护，使脚随时处于良好的状态，充分发挥"第二心脏"的作用。

人在争吵时，为什么会不自觉地站起来

在进行唇枪舌剑时，人们总是会不自觉地站起来。这样做不仅仅是为了提高嗓音，更重要的是督促大脑迅速组织成极有力的语言压倒对方。当人的机体处于紧张状态从座位转换成站位时，中枢神经处于兴奋状态。随着站起来引起的机体活动，特别是走来走去，可加快血液循环，提供给脑部充足的氧气，灵感、语言技巧等都会意想不到地接踵而来。

两性人探秘

在人类社会中，也有个别人既有男性特征，又有女性特征。把这种具有男女两性特征的人，叫做两性畸形，俗称两性人。两性畸形人并非少数，据美国的一项调查研究表明，两性畸形患者在美国每年会出生约2600人。由于社会现实只认同"男"或"女"两种性别，因此他们出生后不久就会被施行手术，在美国平均每天有5例这样的手术，以便把他们归入到社会认同的非男即女的性别中。

一、两性畸形在临床上的表现

两性畸形根据内外生殖器官的不同表现，又划分为两种：

1.真两性畸形。在患者体内有两套内生殖器——睾丸和卵巢。且睾丸和卵巢都可能具有内分泌功能，即体内同时有一定量的雌性激素和雄性激素，但常以其中一种激素占优势。第二性征的发育往往随占据优势的激素而定。真两性畸形的临床表现为外生殖器多为混合型，或以男性为主或以女性为主，由于多数患婴出生时阴茎较大，往往按男婴抚育。但如若能及早确诊，绝大多数患者以女婴抚育为宜。

2.假两性畸形。"假两性畸形"与"真两性畸形"有许多不同，主要的在于：假两性畸形人的体内实际只有一种性腺，或者是睾丸，或者是卵巢。

其内生殖器与外生殖器的外观并不一致，往往具有截然相反的表现。

假两性畸形又为两种：一是男性假两性畸形：患者性腺为睾丸，但具有部分或全部女性表型，称为男性假两性畸形，这种畸形患者由于外生殖器呈女性特征，因而生下来以后，容易被父母当作女性来进行抚养教育；另一种是女性假两性畸形：患者性腺为卵巢，但外生殖器部分男性化，外表有喉结，长胡须。这种畸形患者，因其生下来后外生殖器呈男性特征，容易被父母当成男孩来抚养教育，也常被周围人们误认为男性。

二、两性畸形形成的原因

目前已经知道产生两性畸形的原因有很多，如基因突变、孕妇乱吃性激素药，或者由于脑垂体病变等都可能导致两性畸形外，现在一般认为产生两性畸形的主要原因是由于性染色体的数目发生变异的结果。

正常情况下，女性产生的卵细胞，其性染色体为X，男性产生的精子，性染色体为X或Y。但也有可能女性产生了含两个X染色体的卵细胞和不含性染色体的卵细胞，男性同样也可能产生了含X和Y两条染色体的精子和不含性染色体的精子，这两种情况都与在形成配子的过程中，一对性染色体不分离有关。这种异常的配子与正常的或异常的配子结合，形成XXX或XXY或XXXY或XO的畸形性染色体组合，从而产生性别畸形的现象。如XXY个体，患者体细胞中染色体数是47，具有22对常染色体，一对X染色体，还有一条Y染色体。其外貌像男性，身高较一般男性高，但智能一般较差、睾丸发育不全，无生育能力，常出现女性似的乳房等。

易性癖与变性人探秘

专家们认为，一个具有社会属性的人至少有3种不同的性别：它们是生理性别、心理性别和社会性别。一般人的3种性别认识是一致的。但现实生活中，许多人对自己的性别认识与生理性别和社会性别是不符的。

一、什么是易性癖？

易性癖又称性别转换症，属于性心理障碍。这样的人性别心理辨识与其生物学性别处于尖锐的矛盾状态，完全无视解剖学上的特征。生物学性别是女性，却在心里感觉上自认为是男性；生物学性别是男性却自认为是女性。他（她）们认为只要动了变性手术，才觉得自己了却了一桩最大的心事，并为此感到莫大满足。此种变态行为男女均可见，但一般以男性居多，比例约为3：1。据报道说美国每10万男性中就有1人患易性癖，而英国每3.5万男性中就有1人。我国目前由于没有科研部门进行调查，所以现在数据不详。

易性癖的行为表现主要反映在性别同一性障碍、性角色反常和性定向倒错等方面。具体表现主要有：自认为是异性中的一员，对自己生理上的性别不满意、不舒服，有改变性别的强烈愿望，经常到医院请医生做转变性别的手术以改换成另外一种性别，实现作为另一种性别生活在他们之中的目的，若医生不能满足要求时，男性常有自行切除外生殖器，或服用女性激素的行为，极端者甚至抑郁自杀。他们穿异性服装，言谈举止如同异性一样。但他们中许多人都非常鄙视同性恋行为，此点与同性恋者截然不同。

这种男性在青春期前后在心理上认定自己是女性，不论是行为举止、穿着打扮，还是说话声音、身体外形等均模仿女性，甚至使用化学剂脱须、垫起胸部乳房、参加女性社会活动。他们性欲较低，仅有1/3的患者结婚，婚后又大多离婚。

这种女性患者同样从外表打扮到思维情感、习惯爱好均刻意模仿男性，并不断要求医生作乳房和子宫切除，少数患者甚至要求做安装塑料阴茎的矫形手术。

易性癖可分为原发性和继发性两种：原发性易性癖是与生俱来的，这种人只占很小的一部分；大多数易性癖属于继发性的。对于继发性的易性癖的病因现在并不是十分清楚。一般认为与患者幼年时期的生活经历密不可分。研究表明，幼年时期性身份的识别以及以后的社会角色培养对人的性别认识有很重要的作用。可是多数易性癖的人是由于在幼年时期，父母无视他们的生物学客观现实，教育或影响着孩子的性别错位，如有的父母生了个男孩，却偏偏想有女孩，于是按照自己的意愿去打扮、教育孩子，使孩子的性心理被扭曲而导致易性癖。

青春期后性别认定的逆转，至少应持续存在两年以上，才能诊断为易性癖，同时还应排除不是其他精神障碍如精神分裂症，同时也不应伴有任何雌雄间体、基因突变及性染色体变异等生物学意义上的异常。

易性癖与同性恋有所不同。易性癖最关心的个人事务就是变性，是使身体完全成为异性，他们对同性有性吸引的好感，但一般不热衷追求。与性伙伴的关系，一般是追求心理上的满足或心身合一；同性恋则较热衷追求同性，而变性要求不强烈，仅是想而不付诸实际行动。同性恋患者在与性伙伴的关系中，是从自己的生殖器上得到快乐，没有切除外生殖器的强烈要求。

易性癖与异装癖也有区别：易性癖患者虽然也像异装癖一样有穿着异性服装的偏好和打扮成异性的模样的要求，但这完全是出于满足心理上的需要，觉得自己就是个异性，因此在穿着异性服装时并不会引起性兴奋；而异装癖患者则在穿着异性服装时伴有性兴奋，得到性满足的特点。

二、.易性癖的诊断与治疗

1.易性癖的诊断应根据临床表现。各个国家或地区的诊断要求不尽相同，我国主要取决于本人的主诉和病史，当面复查，进行分析，审定甄别。成年人中易性癖的诊断不难确立；而青春期以前的易性癖患者的诊断必须慎重。一般根据以下各特征的综合分析来进行诊断。

（1）心理因素：对自己的解剖学性别有一个不舒服和不适当的心理感受，深恶痛绝自身的内外生殖系统的生理特征，如乳房、月经、阴茎、睾丸等。

（2）社会因素：对自己是真实的异性深信不疑，希望去除自己的生殖器并按异性成员生活。恼恨别人把自己看成现有属性，对理解自己是异性感到宽慰。

（3）持续时间：强烈要求医学改变躯体而成为自己认为应该的属性，这种心理异常至少已持续两年以上时间。

（4）生理因素：躯体发育并非异性，并非生理上的两性畸形或基因异常。

（5）精神因素：不是由其他疾病如精神分裂症所致。但是在确立易性癖诊断之前，还必须考虑到有其他一些类似疾患或病症存在的可能。

2.20世纪90年代以后，一般学者认为治疗方法主要有：心理治疗、药物治疗和外科治疗。不过大多数专家认为，对于真正的易性癖者，外科手术是最好的治疗手段，药物或精神治疗较多表现为没有持久的帮助。

（1）心理治疗：心理治疗的目的是通过心理调节，精神干涉和行为修饰等若干治疗手段使易性癖患者的心理性别逐步适应其解剖学上的生理性别。

一般是心理医生与患者首先建立良好的医患关系，引导患者将内心的痛苦倾吐出来，并给予患者理解、关心和支持。然后再运用一些心理方法帮助患者认知自己的真正"身份"，帮助患者度过心理上的危机。同时还应让患者树立起矫正易性癖行为的勇气和信心。

（2）药物治疗：药物治疗主要是指性激素治疗，使他们的第二性征能向异性发现一定量的偏转，以适应他们的心理需要。一般认为：男性患者应用雌性激素是有帮助的，它可产生一个暂时性的化学性阉割作用，同时还有一定的镇静效果。女性患者应用睾丸酮这样的雄性激素，可使体毛增多、喉结突出、肌肉发达、嗓音变粗等，总之可使其在第二性征上接近男性。

（3）外科治疗：如果心理治疗无效，施行药物治疗效果又不明显，这时才能根据情况是否适宜，考虑是否实际变性手术。如今国内外虽然做了不少的变性手术，但实际上各国学者似乎都不提倡对患者进行手术治疗。

外科治疗目的在于通过施行外科手术，使易性癖患者的身体尽量符合其心理状况。

三、变性手术

不论是性别畸形患者，还是易性癖患者，其较好的治疗措施主要是实行变性手术。

1.施行变性手术的条件：施行变性手术是极其严肃慎重的，实施对象必须是极严重的易性癖患者。我国目前对变性手术有哪些具体要求、实施对象审核等还没有相关法律法规，不过自1992年起，医学界对临床上施行变性手术也制定了一些相当严格的手续和制度。主要的如必须具备公安机关和家庭方面等若干项证明；手术前必须有一段社会适应过程，在日常生活中试行异性行为及角色至少达1～2年；精神病院排除精神病的证明等等。诊断明确和条件完全具备后，报经有关部门审定、批准，方能最后决定是否施行变性手术。

2.变性手术的方法：随着现代科学技术的不断发展，整形外科技术的不断更新，人们对手术效果的要求也不断在提高。不仅要求外观具备并完美，而且还要能达到满足患者的心理和生理需求。现在男女之间变性的手术主要是指：

男易女的整形术：主要包括阴茎和睾丸切除、尿道移位、人工阴道成形以及乳房增大成形等，另外通常根据实际情况，针对不同患者再增加鼻整形、额整形、颧颊部等面部骨骼女性化的手术、甲状软骨缩小成形、声带调整、电解或手术除毛等附加手术和疗法。

女易男的整形术：手术较为复杂，难度大，需多次手术才能完成，疗程长。主要包括子宫和卵巢切除、阴茎形成、乳房切除及腹部、髋部等附加整形术。由于目前尚没有为女性易性癖者形成一个形态和功能均佳的人工阴茎的方法，所以许多学者并不赞成阴茎成形术，他们认为阴茎成形术不仅效果欠佳且有较多并发症。

多例易性癖病的手术实践证明，像其他外科手术一样，也会出现一些并发症。主要表现在手术本身引起的并发症以及与病例选择不当或手术效果不佳有关的并发症。也正因为如此，所以选择做变性手术时一定要慎之又慎。

变性手术能"地地道道"地将一个人变成另一种性别吗？应该说答案是否定的。但不少的宣传报道称变性手术似乎能达到以假乱真的程度，甚至还说能生儿育女的，这些其实大多言过其实，现今的医学水平并不能真正地解决这些问题。

人妖探秘

人妖有别于易性癖者，是在缺乏内在心理需要的情况下对身体进行性别上的强制性扭曲。

泰国是人妖最多和最早的国家。关于泰国为什么会出现人妖说法有很多种。有说是由于古代印度"阉人"（与中国皇宫中的太监一样）的身体缺陷，对处于深闺重院中寂寞的女眷们不会构成威胁，因而很受当时的皇公贵族的喜爱。此风传入泰国，使当时的一些"阉人"有了很高的收入，效仿的人因此越来越多，以至大大超过了需求，从而使得其中的一些"阉人"不得不转而学歌习艺，并以献艺奉媚为生，从而出现了人妖。也有说是由于越战期间，美军士兵在越南打两个月仗后，就会被安排到与美国夏威夷群岛风光极为相像的泰国芭堤雅岛休整一个月。当地的人为了生活所迫，不得不从事色情服务，由于从事这种服务的女性不是很多，就有人趁美军士兵喝醉之际装扮成女性，勾引美军士兵。后来当地的穷人为了能挣钱，有人干脆就阉了，再努力变成女性模样，而后经过一些艺术训练，以更好地从事色情服务，尽快达到富裕的目的，从而出现了人妖。

应该说现在泰国的人妖，是现代科技的"杰作"。"她们"原本是男儿身，通过药物、手术之后而改变成了小姐。具体就是将尚未发育的男孩子经手术去势（即俗称的阉割）或使用大量的雌性激素"催化"或先行手术再用激素激发并维持，使身体外观逐渐女性化而形成的一种畸形人。中国封建时期皇宫里的太监，只是通过去势手术使男性体内雄性激素含量急剧减少而变成了"中性人"。但如果仅仅是做去势手术是不能把一个男人变成一个"迷死男人，气死女人"的人妖，泰国人妖之所以能够女性化，是因为"她们"在去势后，再注射大量的雌性激素，进行激素治疗的结果。因此从这个意义上说，人妖也是科学进步的产物。激素治疗的发现和应用，是人类对自身认识和研究的重要成果，而现在反被滥用在制造人妖方面，这不能不说是科技进步被引向歧途的一大嘲讽，是对人类文明的嘲弄！

在泰国，人妖的产生与经济状况和人们的猎奇心态有密切的关系。人妖一般都来自生计艰难的贫苦家庭，可以说几乎没有富家子弟愿意做人妖。由于家境贫寒，一些父母为改变家庭的经济状况或由于无法养活自己的亲生骨肉，只能狠心将面容姣好的男儿变成"女儿"身，让"她"日后能去从事"艺术表演"，从可怜的"她"身上榨取一些金钱。也有一部分人妖是在畸形的价值观驱使下，为满足虚荣和醉生梦死的欲望，主动将自己改造成畸形的"尤物"，以换取物质上的享受。

与从事竞技体育的运动员使用兴奋剂一样，长期施行激素疗法会对人体造成较大的损伤：首先，使用雌性激素会有明显的恶心、呕吐等较为强烈的胃肠道反应；其次，雌性激素更为严重的副作用是对肝脏功能的损伤。因为雌激素是通过肝脏代谢的，长期大剂量的雌性激素会加重肝脏的负担，从而造成药物性肝炎；再次，长期大剂量的雌性激素还会加重和诱发血栓性等疾病，如可诱发脑梗塞、心肌梗死等；此外，长期大剂量的雌激素还会引起体内物质代谢，如糖代谢和脂肪代谢的紊乱，而诱发引起和加重糖尿病、冠心病、高血压病、动脉粥样硬化等多种疾病。因此许多人妖"晚年"疾病缠身，精神与肉体的摧残使"她们"过早夭亡，一般说来，人妖的寿命大多不会超过50岁。

非细胞生物的结构和功能

非细胞生物是指没有细胞结构的生物，是一类比原核生物还要简单得多的生物。病毒、类病毒等生物即属此类。

一、病毒——核酸和蛋白质的组合体

病毒比细菌要小得多，有的病毒3万个拼接起来才有一个杆菌那么大，所以只有用电子显微镜才能看到它。

病毒的形态多种多样，有球形的、杆形的、蝌蚪形的等。它们的基本化学组分为核酸和蛋白质。蛋白质组成了它的外壳，核酸组成了它的核心。不过一种病毒只有一种核酸（核糖核酸或脱氧核糖核酸）作为其基因组的物质基础。

病毒没有独自的代谢系统，所以不能独立生活，必须寄生在其他生物的细胞里，才能完成新的核酸和蛋白质的合成，以及新的病毒的组装，也就是繁殖。被病毒寄生的生物，叫做寄主。病毒一旦离开寄主细胞就不会有任何生命活动。

病毒一般是通过空气、水、伤口、血液、蚊虫叮咬等途径进入寄主身体的。人们根据寄主的不同，将病毒

△ 非细胞生物的结构

分作动物病毒、植物病毒及细菌病毒3类。动物病毒如流行性感冒病毒、肝炎病毒、艾滋病病毒、非典病毒、朊病毒、禽流感病毒等，植物病毒如烟草花叶病毒，细菌病毒如痢疾杆菌病毒。这些病毒会给寄主造成极大的危害。

科学家们根据细菌病毒具有专门寄生在细菌细胞里的特性。就利用细菌病毒来治疗一些细菌性疾病。例如，烧伤病人容易感染绿脓杆菌，引起化脓性炎症，于是科学家们利用专门侵染绿脓杆菌的病毒，就能有效地控制绿脓杆菌的感染。另外，利用专门寄生在昆虫细胞里的动物病毒来防止农业害虫，效果也很好。由此说来，病毒对人类有有害的一面，也有有益的一面。

二、类病毒——只含核酸分子的另类生物

类病毒是一种比病毒结构还要简单的生物，没有病毒那样的蛋白质外壳，仅有一个单链核糖核酸分子，它的分子量为10万左右，而最小病毒的分子量也有100万。

类病毒与病毒一样，自身不能独立生活，也必须在其他生物体内进行自我复制，使寄主发病以致死亡。

类病毒最初是从马铃薯块茎纺锤病的病薯内发现的。目前已知类病毒能侵染某些高等植物并使之发病，如菊花矮缩病、菊花花斑病、柑橘裂（剥）皮病、椰子死亡病、黄瓜苍白病，还有马铃薯纺锤块茎病等症状。

微生物探秘

　　大约在32亿年以前，微生物就已经悄悄地出现在地球上。当时，整个地球是它们独霸的天下，后来才陆续出现了植物、动物和人类。

　　微生物是个庞大的家族。今天，它们依然"人丁兴旺"。自然界中已发现的微生物就有几十万种。这些微生物并不都是一模一样的，而是各有特色。微生物家族的主要成员有细菌、放线菌、真菌和病毒，还有一些种类是介于这些成员之间的。

　　细菌是大名鼎鼎的。截至2000年，这个家族的成员约有5000种。它们个体微小，形态简单，有球状、杆状、螺旋状和弧状等。有许多危害人类的疾病，如脑膜炎、肺结核、霍乱等，就是它们造成的。当然，也有许多细菌是人类的好朋友，比如用来预防疾病的菌苗，能增加粮食产量的菌肥，参与污水净化的细菌等。

　　你抓一把泥土闻一下，就会感到有一股特殊的泥腥味扑鼻而来。这种气味是由另外一类微生物——放线菌产生的。放线菌主要生活在土壤中，由一些纵横交错的细线组成，就像一团丝线。绝大多数放线菌对人类是功德无量的。如今，临床和农业上使用的近百种抗生素，大部分是由放线菌产生的（如链霉素、氯霉素、金霉素和红霉素等）。

　　在微生物家族中，真菌的成员比较多，已经知道的约有7.5万种。历史上最早服务于人类的霉菌就属于这个家族。霉菌中的曲霉可用来制酱，毛霉能做腐乳。不过，一些如顽癣等难以医治的疾病，也是由霉菌引起的。酵母菌是真菌中一类很有名望的成员。我们做馒头、面包和酿啤酒时，都离不开酵母菌。担子菌是微生物世界中的"巨人"，我们平时爱吃的蘑菇和香菇，就属于这一类。只是它们的菌体很大，与微生物的名称实在不相称。

　　微生物世界中的小个子叫病毒，通常它们比最小的细菌还小。病毒的构造非常简单。有些病毒会引起植物病害和动物及人的疾病，比如使人得病的肝炎病毒、流感病毒、艾滋病病毒等。

微生物容易发生变化，这种随机应变的能力，在生物世界中是无与伦比的。在自然条件或人为因素的影响下，"儿子"可以变得比"老子"有本事，青出于蓝而胜于蓝，而且还能遗传给后代，这就是变异。

微生物之所以容易变，其中一个主要原因就是它们的结构相当简单，既不像植物那样有根、茎、叶，也不像动物那样有呼吸、消化和运动器官，说变就变，没有那么多的累赘。

微生物容易变，对人来说有利有弊。致病菌对抗生素产生的抗药性变化，是医疗上十分棘手的问题。1943年青霉素刚问世时，每毫升只要0.02微克的浓度，就足以制伏金黄色葡萄球菌了。可是过了3年，14%的金黄色葡萄球菌产生了抗药性。到了1961年，每毫升得有200微克的青霉素，才能对付某些葡萄球菌。20世纪40年代初刚使用青霉素时，即使是严重感染的患者，每天也只要注射10万单位青霉素就可以了；然而现今患者每天就要640~800万单位。

抗生素产生菌的产量变异，自然是受人欢迎的。早先，青霉素刚投产时，每毫升发酵液只产生20单位的青霉素。在经过了许多次变异以后，现在每毫升发酵液的产量已有5~10万单位。

人们了解微生物变异的两重性后，便可以趋利避弊，利用微生物的有利变异，提高产品的质量和数量，扩大品种，改进生产工艺。例如，设法让吃细粮的微生物改吃粗粮以便节约粮食；迫使不耐高温的细菌改变旧习，在高温环境中生存，一举解决微生物在大工业生产中的降温问题；还可以通过变异，使微生物的毒性大大增强，提高消灭农业害虫的效果。

对于微生物来说，天涯海角到处都是它们的家。它们的身体小而轻，可以随风飘，顺水流。凡是有动植物的地方，都可以发现微生物的踪迹。即使是动植物不能忍受的恶劣环境，也能成为微生物的乐园。但微生物的大本营还是在土壤中。

如果每公顷耕地的上层土壤有2.25×106千克，那么其中微生物就有7500千克。在一般情况下，1克土壤中有几亿个微生物。即使在荒无人烟的沙漠里，1克沙土中也有10多万个微生物。在土壤中数量最多的是细菌，其次是放

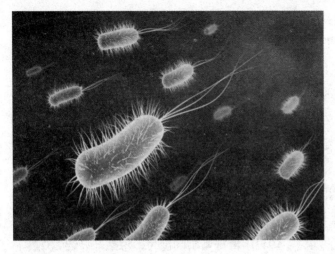
△ 微生物

线菌、真菌和其他微生物。

为什么微生物喜欢在土壤中生活呢？原来，土壤里含有丰富的动植物残体和各种无机物，它们是微生物的美味佳肴。土壤颗粒中既含有空气，又有水分，同时土壤的酸碱度基本上接近中性，一年四季的温度变化又不大。这样的生活环境对微生物来说，实在是太理想了。于是，土壤就成了微生物食物充足、条件舒适的大本营。

然而，微生物并没有在大本营里坐享清福，它们每时每刻都在为大自然作着贡献。我们知道，绿色植物在进行光合作用的时候需要二氧化碳，而空气中的二氧化碳含量大约只有万分之三，整个大气层二氧化碳的总量也只不过6000亿吨。可是，地球上现有的绿色植物每年就要吃掉600亿吨二氧化碳，这样要不了多久，大气中的二氧化碳就会被吃得精光。然而，千百年来地球上从来没有出现过植物由于缺少二氧化碳而被饿死的现象。这究竟是怎么回事呢？要知道，土壤中的微生物在分解利用有机物时，会产生大量的二氧化碳，地球上有90%的二氧化碳是由微生物提供的，这就为植物的生长创造了良好的条件。

氮肥也是植物必需的营养物质，但它必须溶于水，否则即使营养再丰富，植物也无法吸收利用。土壤中有丰富的有机氮物质，可是它们不溶于水，能溶解在水中的无机氮每公顷地只不过150千克左右，还不够植物吃上一季。这么一来，植物岂不是会因缺氮而营养不良？对此，我们不必杞人忧天。因为土壤中的微生物能把有机氮变成无机氮，为植物提供丰富的氮肥。

总之，在土壤这个大本营里，微生物是微乎其微、默默无闻的，可是它们却在为生物界的繁荣昌盛，干着一番惊天动地的大事。

盐杀菌的奥秘

食盐能长久地保存肉类等食物，这是人人皆知的生活经验。可是长时间来，人们对其中的奥秘却没能作出满意的解释。科学家经过深入的研究，终于初步揭开了这个谜。

肉类之所以会变质，是因为空气中有大量过流浪生活的微生物。当它们遇到营养丰富的肉类等物质时，就会很快定居下来，"吃"个痛快。它们不但贪吃，而且还在食物中生儿育女。于是，食物中的微生物越来越多，结果就把食物糟蹋得面目全非，使肉腐烂发臭。腐败性微生物虽然会捣乱，但人类却有办法制伏它们。只要将肉类浸泡在很浓的盐水里，腐败性微生物就无法兴风作浪了。

盐水是如何抑制微生物活动的呢？我们来做个实验：割一方猪膀胱薄膜，做成一个小囊，牢牢地缚在一根玻璃管的一端。从玻璃管的另一端往囊中倒入一些浓盐水，然后把小囊浸在盛有稀盐水或清水的玻璃杯中。这时，小囊中的水会不断增多，还会沿着玻璃管慢慢上升。原来，小囊中的盐水比较浓，钠离子和氯离子就比较多，因此囊中的水"外渗"的障碍比较大；杯中的水比较淡，钠离子和氯离子比较少，水向囊内渗进去就容易多了。

腐败性微生物都是单细胞生物，细胞外层是像猪膀胱薄膜那样的细胞膜，里面是含丰富蛋白质的原生质。我们保存食物用的盐水都比较浓，微生物进入这种环境后，细胞内原生质的浓度比外面的盐水稀，根据稀溶液里的水向浓溶液里渗透的道理，微生物体内的水就会被盐水"抽"出来，原生质缺少了水，细胞的新陈代谢便无法进行。时间长了，这些微生物就会成批死去。

不过，盐腌过的食物含盐量很高，一旦人体摄入过多的钠，会引起高血压。因而科学家正在深入研究盐的作用机理，以便尽可能用少量的盐来抑制微生物的生长，甚至用其他物质来代替盐。

人体微生物探秘

　　每个人的身上都有千千万万个微生物，有的在你刚来到人世间不久，就已经钻进你的肚子里了。在你的头发、指甲、皮肤和鼻黏膜上，口腔和消化道里，都有许多微生物在活动。它们成了人体中的"常住居民"。

　　人的大肠中有经过胃和小肠消化的营养物质，又有合适的温度和酸碱度，因而这儿是微生物的"安乐窝"。大肠中微生物的数量很多，而且经常随着粪便排出体外。每1克粪便中，就有1000亿个微生物。其中，有大肠杆菌、产气杆菌、变形杆菌、绿脓杆菌和乳酸杆菌等。由于这些微生物世世代代都生活在大肠中，人们便把它们称为人体的正常菌群。它们在吞食人体食物的同时，还能为人体提供许多具有生理活性的物质和营养物质，如能使血管收缩、血压升高的酪胺，能刺激胃酸分泌的组胺以及维生素和氨基酸等。2008年2月，据媒体披露，中国科学家发现，中国人的肠道菌群结构和美国人有明显差异，而肠道菌群的组成会影响每个人的健康。一旦肠道菌群紊乱，会导致糖尿病、肥胖症等许多疾病。

　　除了大肠以外，人体的许多部位都成了微生物活动的"舞台"。口腔里的食物残渣，是各种球菌、乳酸杆菌等细菌的美味食品，里面的温度又很适宜这些细菌的生长繁殖。它们在分解利用食物中的糖类时，会产生许多有机酸，损坏牙齿的珐琅质，引起龋齿。饭后漱口、睡前刷牙，可以减少口腔中细菌的数量，使牙齿免遭病菌的侵蚀。人的皮肤上，也居住着链球菌、小球菌、酵母菌和霉菌等微生物。一旦皮肤破裂，致病菌侵入伤口，就会引起化脓感染。我们在打针时用酒精消毒皮肤，就是为了防止皮肤上的微生物随着注射器的针眼进入人体。呼吸道中也生活着不少微生物，它们中的有些成员会引起肺炎、肺结核、鼠疫和脑膜炎等可怕的疾病。不过，绝大多数呼吸道微生物，对阻止外来细菌的入侵，起着积极的作用。

细菌大夫探秘

　　有些细菌不会使人生病，反而能给人治病，因而被人们称为细菌大夫。

　　在进行皮肤和脏器移植手术时，人体的排异作用常会使手术功亏一篑。在这方面，细菌大夫成了外科医生的得力助手。科学家在霍乱菌的分泌物中，发现了一种能抑制人体排异反应的蛋白质，只要在移植手术前一天，给患者注射这种蛋白质，手术后患者就不会发生排异反应。如今，在细菌大夫的帮助下，排异作用最强的皮肤移植已获得了成功。

　　白血病是血液系统的恶性肿瘤。科学家找到了一种可用来治疗白血病的细菌大夫——白细胞细菌。这种细菌分泌的毒素，能一举杀死动物体内的白血病细胞，使动物霍然而愈。进一步的研究表明，这种细菌毒素对人体的白血病细胞，也有很强的杀伤作用；不仅如此，它对肺癌和子宫癌细胞也有良好的杀伤效果。

　　日本的微生物学家在红球菌中，发现了两种有抗癌作用的新物质：一种是从土壤菌的脂肪成分中提取的；另一种存在于土壤菌的细胞表层部分。这两种物质能促使肿瘤细胞坏死，将在治疗癌症时大显神通。

　　细菌大夫的发现，为人类提供了一种新的治病手段。随着研究工作的不断深入，一定会有更多的细菌大夫相继问世。

细菌洗衣探秘

细菌也能用来洗衣服吗？是的。提出这一奇思妙想的，是美国生物学家亚历克斯·福勒。他设想在纺织品的纤维中放入一些特殊的细菌，让它们在衣服中大量繁殖，把其中的油污和汗渍吃得精光。这些奇特的细菌，是福勒对某些细菌进行基因改造的成果。这位生物学家还找到了一些天生能防水的细菌。他预言，若把这种细菌植入衣服的纤维中，就能防腐防潮，保护衣料，延长衣服的使用寿命。

不过，要真正用细菌清洗衣服，也并非易事。因为要实现这一目标，首先得让细菌顺利地进入纤维中，其次要让它们在纤维中生存和繁殖。福勒原先以为，可以借助纤维的毛细现象，一举将细菌吸入纤维中。结果，这一设想未能如愿以偿。后来，他发现了一种两端有孔的植物纤维，就把真空泵连在这种纤维上，纤维吸进几滴含细菌的琼脂胶后，细菌便在里面繁殖起来。此后，他又把几百个细菌植入这种纤维的孔内。如今，福勒正在探索如何将细菌植入其他纤维中。

时至今日，这位生物学家还不知道细菌能在纤维中存活多久。因为一旦这些细菌弹尽粮绝、营养告罄，就会处于休眠状态。只有再次将纤维浸泡于营养液中，才能使细菌恢复勃勃生机。福勒的设想是用细菌清洗内衣，其原因是显而易见的：内衣的脏物主要是有机物和汗渍，而这些物质恰好是细菌的美味。

这种植入细菌的内衣，对于整天忙于学习和工作的人来说，无疑是一大福音。因为穿上这类衣服后长时间不必清洗，只要定期把内衣放入专用的营养液中浸泡一下，就万事大吉了。

吃混凝土的细菌探秘

　　1984年1月13日，在英国西北部的费德尔市发电厂里，一座高达125米的巨大冷凝塔突然倒塌了。这座冷凝塔是用钢筋混凝土建造的，塔壁厚达20厘米以上，十分坚固。它是怎么倒塌的呢？一开始人们怀疑有人破坏，可是专家们一连调查了几个月，也没有发现一点蛛丝马迹。德国汉堡大学的一位微生物学家听到此事后便毛遂自荐，要求担当寻找罪魁祸首的重任。在取得厂方同意之后，这位微生物学家在冷凝塔废墟上做了一系列实验。他果真找到了破坏冷凝塔的罪犯。这是一种专门吃混凝土的细菌，名叫"混凝土吞食杆菌"。

　　区区细菌，如何吞得下混凝土呢？这种细菌是用特殊的化学方法吞食混凝土的。我们知道，混凝土的主要成分是水泥和黄沙，水泥中含有石灰成分。混凝土吞食杆菌能分泌一种酸，这种酸跟石灰发生作用，会把石灰一点一点溶解掉。这样细菌在混凝土表面繁殖生长，就会一点一点吃掉混凝土中的石灰，使混凝土中产生许多细微的小孔隙。细菌再向这些小孔隙渗透，继续进行吞食，最后便把整座冷凝塔全部蛀空了。初看起来，冷凝塔什么毛病也没有，可是它的内部已是千疮百孔。一阵大风袭来，这座几十吨重的冷凝塔就轰然倒下了。

　　如何对付这些专吃混凝土的细菌，成了建筑学家们面临的新问题。科学家发现，这种混凝土吞食杆菌有个怪脾气：越是空气污染严重的地方，它们的活动越是猖獗。原来，空气中的污染成分二氧化硫、氧化氮等，会在建筑物表面生成酸，而混凝土吞食杆菌必须在酸性环境中才能安居乐业，生长繁殖。因而只要清除环境中的污染成分，就能使这种细菌没有立足之地，无法蛀食建筑物。此外科学家还发现，如果把建筑物的表现打磨得非常光滑，或在混凝土表面涂上一层塑料薄膜，使细菌难以附着在混凝土上，也能防止它们吞食混凝土、破坏建筑物。

细菌中的"吸血鬼"是什么

　　自古以来，人们从未发现有一种细菌会施展孙悟空钻进铁扇公主肚子里的战术，钻到别的细菌"肚子"里去兴妖作怪，吸"血"繁殖。1962年，德国科学家斯督普，在研究会使植物得病的细菌——菜豆叶烧病菌时，幸运地发现了一种极小的弧形细菌，它像蚂蟥吸人血那样，附着在菜豆叶烧病菌的表面，拼命地吮吸着。他把这个"吸血鬼"称为蛭弧菌。

　　蛭弧菌广泛分布在自然界中，土壤、污水和河水中随处可见，海水中也有它的踪迹。这种细菌的个子比一般细菌都小。在蛭弧菌细胞的一端，拖着一条较粗的鞭毛，这是它游泳用的"桨"。当它遇到合适的宿主细菌时，尾部的鞭毛迅速摆动，蛭弧菌便以每秒钟超过它体长100倍的速度，向宿主冲去，一头栽到宿主的细胞壁上。紧接着，蛭弧菌像钻头那样，以每秒100转以上的速度，在宿主表面快速旋转。同时它会分泌几种特别的酶，去消化宿主的细胞壁。5~15分钟以后，宿主的细胞壁便被"钻"出一个小窟窿。这时，蛭弧菌会收缩身子，一头钻了进去，在宿主细胞壁的小孔上定居下来，吸取和消化宿主的"血肉"来养肥自己。要不了多久，蛭弧菌就生长成螺旋状，并分裂成许多小段。待宿主细胞壁进一步被消化溶解后，这些小段便一齐破壁而出，开始新的生活。

　　在微生物的世界中，寄生物对宿主的选择，通常都是非常严格的。然而，蛭弧菌却与众不同。它的宿主范围很广泛：不但能寄生在许多植物致病细菌，如菜豆叶烧病菌、番茄青枯病菌和白菜软腐病菌中；还能寄生在人体和动物的一些致病细菌，如伤寒和副伤寒沙门氏杆菌、大肠杆菌中。

　　有些科学家用这种"吸血鬼"来对付水稻白叶枯病菌和大豆疫病菌，取得了可喜的进展。也有些科学家设想，用蛭弧菌来去除污水中的大肠杆菌等病菌，净化水体。看来，蛭弧菌将在防治人类疾病、确保家畜和农作物健康生长方面大显神通。

从黄曲霉毒素致癌说起

20世纪60年代初期，在英国发生了一宗骇人听闻的10万只火鸡突然死亡的恶性事件。后来查明，这是一起饲料内含黄曲霉毒素的中毒。随后，在美国也发生了类似的恶性事件：从巴西进口的含有黄曲霉毒素的花生粉饲料，引发了鳟鱼的原发性肝癌。从这个时候起，世人遂逐渐认识了黄曲霉毒素这种物质，并且知道它不但可以引起中毒，还能招致癌症。

经过科学家多年的努力，关于黄曲霉毒素致癌的研究，已经获得了丰硕的成果，在有关这种毒素的动物致癌研究方面，收获尤多。现在许多人已经知道，黄曲霉毒素是黄曲霉在它的生活代谢过程中产生的毒素，这是一种毒性很强的脂溶性化合物，它在水中很少溶解。高温、强酸和紫外线照射都很难将这种毒素破坏消灭。

在温湿的地理环境中，玉米、花生、各种粮食与饲料是极易受到黄曲霉污染的。黄曲霉毒素的衍生物已知有20余种，其中以B1的毒性和致癌力最为强大，其次是G1和B2。黄曲霉毒素的致癌强度，比另一种致癌作用很强的物质二甲基亚硝胺还要大75倍。这种毒素对属于灵长类的人和啮齿类、禽类及鱼类动物都有致癌作用。

通过医学流行病学的调查分析确认：世界上凡食物受黄曲霉毒素污染严重的地方，都是人群中肝癌的高发区。

黄曲霉毒素的致癌靶器官主要是肝脏，它常常诱发出人们称为"癌王"的原发性肝癌，但也可侵害其他的器官组织。

例如：黄曲霉毒素经口食入除可引发肝癌（组织学上主要为肝细胞性肝癌）外，还可诱发肾的腺癌、胃和肠的腺癌、卵巢和乳腺的其他肿瘤；气管滴入可引起肺的鳞状细胞癌；皮下注射则引发注射部位的癌瘤。

△ 鸭子

通过实验证明：在各种动物中，鸭子和鱼对黄曲霉毒素最敏感，例如，以黄曲霉毒素B1、0.1ppm这样十分微小的剂量，喂给鳟鱼两个星期后，最短6个月就可以诱发出原发性肝癌；猪与牛对这种毒素的敏感度位居中等；羊对它则有比较强的抵抗力，例如，每头成年羊每天用3000～4000微克的黄曲霉毒素连续喂服4～6周，这样高的剂量对它的健康并无任何影响。

随着科学研究的不断深入，现在已经知道，能够致癌的霉菌毒素并不只是黄曲霉毒素一种。

人们和许多畜禽在日常生活中，容易接触到的霉菌毒素还有杂色曲霉毒素。这是杂色曲霉、构巢曲霉和两端芽蠕孢霉等真菌的毒性代谢产物，它的化学结构和黄曲霉毒素相似。杂色曲霉毒素经常存在于玉米、大米和面粉等粮食之内。它可引发肝硬化和原发性肝癌等。

包括黄变米毒素、环氯素等在内的冰岛青霉毒素，也是毒性很强的致癌物。受这类毒素污染的大米叫黄变米。当用以喂饲动物时，能够诱发肝硬化、肝腺瘤和原发性肝癌。

含镰刀菌毒素的粮食则能诱发动物的肠癌、白血病和淋巴肉瘤。

此外，已经确认：某些菌株的白地霉（如林县菌株白地霉）等霉菌毒素代谢产物，有致瘤促癌的作用。而另一些菌株的白地霉（如广东顺糖二号菌株、上海C3菌株和河北省菌株）则没有致癌作用。

总之，存在于自然界中的致癌霉菌毒素种类是很多的。预防霉菌毒素中毒或治癌之道，最重要的是不要吃任何霉变的食物，对已有发霉迹象的米、面、花生与谷物，应该废弃，也不宜用来喂饲动物，以免因小失大。

禽流感探秘

禽流感是禽流行性感冒的简称，它是一种由甲型流感病毒的一种亚型（也称禽流感病毒）引起的传染性疾病，被国际兽疫局定为甲类传染病，又称真性鸡瘟或欧洲鸡瘟。按病原体类型的不同，禽流感可分为高致病性、低致病性和非致病性禽流感3大类。非致病性禽流感不会引起明显症状，仅使染病的禽鸟体内产生病毒抗体。低致病性禽流感可使禽类出现轻度呼吸道症状，食量减少，产蛋量下降，出现零星死亡。高致病性禽流感最为严重，发病率和死亡率均高。禽流感的症状依感染禽类的品种、年龄、性别、并发感染程度、病毒毒力和环境因素等而有所不同，主要表现为呼吸道、消化道、生殖系统或神经系统的异常。

常见症状有：病鸡精神沉郁，饲料消耗量减少，消瘦；母鸡的就巢性增强，产蛋量下降；轻度直至严重的呼吸道症状，包括咳嗽、打喷嚏和大量流泪；头部和脸部水肿，神经紊乱和腹泻。

这些症状中的任何一种都可能单独或以不同的组合出现。有时疾病爆发很迅速，在没有明显症状时就已发现鸡死亡。

另外，禽流感的发病率和死亡率差异很大，取决于禽类种别和毒株以及年龄、环境和并发感染等，通常情况为高发病率和低死亡率。在高致病力病毒感染时，发病率和死亡率可达100%。

禽流感潜伏期从几小时到几天不等，其长短与病毒的致病性、感染病毒的剂量、感染途径和被感染禽的品种有关。

禽流感也能感染人类，人感染后的症状主要表现为高热、咳嗽、流涕、肌痛等，多数伴随有严重的肺炎，严重者心、肾等多种脏器衰竭导致死亡，病死率很高，通常人感染禽流感死亡率约为33%。此病可通过消化道、呼吸道、皮肤损伤和眼结膜等多种途径传播，区域间的人员和车辆往来是传播本病的重要途径。

最早的人禽流感病例出现在1997年的香港。那次H5N1型禽流感病毒感染导致12人发病，其中6人死亡。根据世界卫生组织的统计，到目前为止全球共有15个国家和地区的393人感染，其中248人死亡，死亡率63％。中国从2003年至今有31人感染禽流感，其中21人死亡。

禽流感病毒的易感动物：

要想知道是谁在传播禽流感，就有必要先查清哪些动物对禽流感易感，以及可以携带禽流感病毒的动物。

已知许多家禽与野禽都对禽流感病毒易感，若干种类的哺乳动物和人也可感染禽流感，它们都能患上这种疾病。还有一些动物它们则是禽流感的贮主，并不出现禽流感的病状，但潜伏着传播此病的危险。

火鸡和鸡对禽流感病毒都很敏感：

在自然条件下，感染禽流感病毒后引起疾病的家禽主要有火鸡、鸡、鹅和鸭子。在20世纪80年代以前，国外研究报告中一直指出火鸡对禽流感最为敏感，而鸡则较少发生本病。但在20世纪末至21世纪初几年，南于在亚洲许多国家爆发的几次禽流感，造成数以万计乃至百万计的鸡死亡，人们已经确认鸡也是对禽流感很敏感的一种家禽。鸭子在禽流感流行过程中通常是处于两种状态：一种是在遭受禽流感病毒袭击后可发病死亡；另一种是它只作为携带病毒的隐性病例，而起着疾病病原体的传播作用。有许多资料证明：从鸭子身上分离到的禽流感病毒，比任何其他的禽

△ 火鸡

类都要多。

许多野禽对禽流感也很敏感：

已知在自然条件下对禽流感病毒易感的野禽有鸽子、珍珠鸡、鹌鹑、鹰、鹧鸪、雉、天鹅、孔雀、鸵鸟、鹦鹉、八哥、鹭、椋鸟、编织鸟、海鸥、矶鹬和海鸠等。不过，禽病学家们都指出：有相当多种类的野禽，它们实际上只是禽流感病毒的隐性感染者，而没有显示出任何病征，但可成为疾病的传播来源。有报告指出：某些候鸟在其迁移活动过程中，有可能将禽流感病毒从一个地方传播到另一个地方，从而使疾病广为传播。

禽流感病毒对哺乳动物与人类有致病作用：

在实验条件下发现禽流感病毒对多种哺乳动物如猪、猴、猫、仓鼠、雪貂与水貂都有致病作用。海豹和人类则可发生自然感染而致病。如曾经两次自然发生于美国的海港海豹禽流感流行，不但有大批海豹发病并造成死亡，而且有人员也染上了这一疾病。1997年和2004年，禽流感反复袭击亚洲，在发生大量鸡只死亡的同时，我国的香港和越南、柬埔寨等国，均确认有人死于禽流感。已有事实证明，在自然条件下儿童感染禽流感高致病性毒株时比成年人更危险。

猪体内可携带高致病性的禽流感病毒，但猪本身并不发病，而只在病毒的传播上起它独特的作用。

禽流感能在人与人间互相传播吗？

一直到2004年年底，还没有足够的证据显示禽流感可以在人与人之间互相传播。科学家们大多认为人类可能是从禽类染上这种疾病的。而另一些研究者则认为：人的禽流感是来自容易产生变异的禽流感病毒的猪。

2005年1月24日，泰国卫生部的官员宣布：该国已出现首例人传人的禽流感；与此同时，越南也发生了禽流感在同一家庭内聚集发生的现象：兄弟3人均连续患上禽流感，其中1人已经死去。世界卫生组织对发生在泰国和越南的上述事件十分重视，认为不应排除人与人间可以互相传播这一危险的传染病。

科学界预测：人与人之间如果真的能够互相传播禽流感的话，这一疾病将会比前更加迅猛地爆发，人们千万不可大意。

　　曾有报告说：在爆发于美国宾夕法尼亚的一次由毒株编码为H5N2引起的禽流感过程中，经过检验发现患病母鸡所产的蛋，其蛋壳和蛋内也都有同一编码毒株的禽流感病毒存在。表明自然发生的禽流感患鸡，它们所下的蛋是可以带毒的。

　　用人工所做的实验，也获得了相似的结果：当以编码为H5N2毒株的禽流感病毒实验性感染母鸡时，在感染后的第3～4天，发现该母鸡所产的蛋，几乎全部都含有禽流感病毒。

　　另外，还有报告说：带有禽流感病毒的鸡蛋，它所孵出的幼雏曾经出现大量死亡。不过许多研究者至今仍然认为：禽流感的垂直传播是不存在的。因此禽病学家们一直没有将禽流感列为"蛋传性疾病"。但是他们都指出：对于鸡蛋这种在某一阶段中存在的带毒现象，人们应该持谨慎态度，避免发生感染。尤其是在禽流感流行的时候，建议人们不要吃未经充分煮熟的蛋，更不要吃生的蛋。

物种多样性的空间分布格局

要讨论物种多样性的空间分布格局，首先我们要来看纬度梯度格局。

物种多样性的纬度梯度格局是最早引起人们注意的。对大多数陆生植物和动物来说，极地的物种多样性是最低的。随着纬度的降低，物种多样性增加，在热带雨林达到最大值。不管是从区域物种多样性水平上，还是从群落物种多样性水平上，都表现出这样的规律。变化最明显、生物学意义最重大的是植物物种多样性随纬度梯度的变化规律。树木物种多样性从北方针叶林，到热带雨林一直是增加的。同样的格局在北美、欧洲及西半球也表现得很明显。

对大多数脊椎动物类群来说，随着纬度降低，物种多样性增加。这种格局在哺乳动物、鱼类、爬行类中表现明显。但近年在北美的研究也表明，脊椎动物中有些类群随纬度变化的格局是不完全一致的，如两栖类在北纬35°附近，物种多样性达到最大值。热带地区比温带地区拥有更多的鸟类是有目共睹的事实，但鸟类多样性的纬度梯度特征是比较复杂的。原因之一是很多热带鸟类要迁徙到温带地区交配、繁育后代，这就大大增加了温带地区夏季繁殖季节鸟类的多样性。海洋鸟类迁徙范围较大，但非海洋鸟类存在着非常明显的纬度梯度特征。很

△ 物种多样性的变化

多类群的无脊椎动物也表现了明显的纬度梯度特征，如蜻蜓、蝴蝶等都表现了明显的纬度梯度特征（Huston）。并不是所有的生物类群在物种多样性方面都表现出随着纬度降低而物种多样性升高的趋势。一些类群表现出随纬度降低而物种多样性减低的趋势，如地衣、海洋底栖生物、寄生蜂、土壤线虫等。

其次来看海拔梯度格局。

群落类型及环境因素在沿海拔和沿纬度梯度变化方面有很大的相似性。沿海拔梯度每升高1000m气温降低6℃，相当于沿纬度梯度往北递进500～750km。随着海拔升高，鸟类、维管植物的多样性都表现出降低的趋势。在群落水平上，物种多样性随海拔梯度的变化规律是很复杂的。

再次还要看物种多样性空间分布格局的形成机制。

有关物种多样性空间分布格局的形成机制有多种假说。这些假说有些是用环境因子进行解释的，有些是用生物因子进行解释的。之所以有这么多假说，主要是研究者的研究尺度不同造成的。

这些假说至少在一定程度上、在一定区域内或在所研究的对象范围内是正确的，但在全球范围内、在大陆区域尺度上，一定有一个第一性的原因。

一、在大尺度上能量是物种多样性预测第一重要的因子。

美国生物学家Hutchinson认为，能量可能是决定物种多样性的因子。美国生物学家Wright（1983）也发现，尽管岛屿地理位置和大小变化很大，但能量×面积是预测岛屿物种多样性的最佳因子。生物学家Currie和Paquin1987系统研究了北美树木物种多样性与气候因子、地形等的关系，发现树木物种多样性与年蒸散关系极密切，并且通过年蒸散、地形和距海洋远近可以进行预测。最近的一些研究发现，在北美和欧洲主要类群的物种多样性都与气候因子有关，并且可以通过可能蒸散（PET）进行预测。PET是与纬度及太阳辐射密切相关的因子，因此是与能量有直接关系的因子。这说明在大尺度上能量是物种多样性预测的第一因子。物种多样性随海拔的变化与随纬度的变化有很大的相似性（Brown Gibson 1983）。

二、能量水平并不决定物种数目而是决定进化速度。沿着纬度梯度和海拔梯度物种多样性与能量，用可能蒸散太阳辐射和气温表示非常显著相关。一个可能的解释就是：一个地区的物种多样性受能量供应限制，高的能量水平可以导致高的生产力，但并不意味着高的物种多样性。一个地区少数物种的优势作用，完全可以垄断能量供应而并不一定要有高的物种数目。提出能量水平并不决定物种数目而决定进化速度，主要是通过短的世代交替时间、高的突变频率及较快的生理过程来加速自然选择、保存突变个体。这种解释有一定道理，但需要进一步通过实验进行验证。

　　三、小尺度物种多样性格局由对小尺度起作用的生态因子所决定。上面讨论的是大尺度物种多样性格局的形成机制，主要是纬度梯度、海拔梯度格局的形成机制。这种物种多样性的能量多样性假说越来越得到广泛的支持，它反映了大尺度长期进化过程的结果。在小尺度范围内，物种丰富度可能由生境多样性、干扰等决定。Wright等1993的研究结果表明，大尺度物种多样性由能量决定小尺度格局比较复杂涉及到其他主导因子。

什么叫物种灭绝

　　所谓灭绝就是一个物种或一个种群不能够通过繁殖自我维持。下列任一情况发生时即发生灭绝：一是最后一个个体死亡；二是当剩下的个体不能够产生有生命或有繁殖能力的后代。物种的灭绝是自然界中一种普遍现象，我们目前所见到的每一物种，只不过是大量不适应环境变化的旧物种灭绝与具有新的对环境高度适应的物种的形成过程中的一个时间点上现有的物种，它们所处的状态应该说是物种形成前、后与灭绝之间。可见任何物种都将会遭遇以下3种情况之一：1.种系长期延续而无显著的表型进化改变的物种形成"活化石"；2.种系延续进化并改变为不同的时间种（种系分支），形成新种；3.种系终止——物种全部死亡，即物种灭绝。物种的数目在有限的空间和有限的可利用资源的情况下，不可能无限增长，有产生同时就有消亡。灭绝是生物圈在更大的时空范围内的自我调整，物种灭绝是生物与环境相互作用过程中，生物未达到与环境的相对平衡与协调所付出的代价。

　　一、常规灭绝。在整个生命演化的漫长过程中，灭绝亦如种的形成一样作为进化的正常过程，以一定的规模经常发生，表现为各不同分类类群中部分物种的替代，即新种产生和某些老种消失。这是常规灭绝。

　　二、集群灭绝。在生命演化史上发生过的非正常的大规模的灭绝事件，在相对较短的地质时间内，一些高级分类类群整体消失了，这是所谓的集群灭绝。

引起物种灭绝的因素有哪些

科学家们在逐渐深入的生物多样性研究中，发现由于地质气候变迁和人为干扰，世界很多地区的生物多样性在迅速减少，甚至一些珍贵的物种在灭绝。灭绝是一种复杂的现象，它既有生物内在的因素，又有外部环境的原因；它既是偶然的、不可预测的，也是由生物发展规律所决定的。对物种施加任何一种压力，无论生物学还是物理学方面的，都将可能使其灭绝的速度加快。人类对物种灭绝的影响不仅远远超过其他任何生物类群，而且也是地球历史上任何一个灾变事件所不能相比的。当然，这难以用现有的实验手段加以证明。同时，学术界对于物种灭绝的机制和因素也存在着不同的见解，事实上也确实存在着两种不同的灭绝因素，一是自然灭绝，另一是人为破坏导致灭绝。影响物种生存的外部因素包括生物学因子、环境因素和人为活动。

一、生物因子

1.竞争。当有机体共同利用同一有限资源时，或当某一类群的个体数量迅速增加时，常常导致个体间发生竞争。竞争分两类：一是争夺性竞争，即两类生物利用同一环境资源；二是干扰性竞争，通过毒害、攻击、占有领土和他感作用等进行竞争。在大生态环境上可能导致其中一个种群密度下降。除非在极端的特殊情况下如岛屿和人为干扰等竞争本身绝少导致灭绝，但在小于一定临界面积的岛屿上，也可能发生灭绝。

2.捕食。竞争与捕食对灭绝影响相对较小，因为一个捕食者早在它们把食饵捕杀完之前就饿死了。环境空间异质性及其大小对共存有十分重要的作用。在异质环境空间里，被食者既能躲藏，又有充足的空间在各种镶嵌环境片段中求得生存。因为如果一个捕食者只寻找那些稀有食物物种的话，它就更难以生存。我们所看到的最普遍现象是捕食者经常取食那些相对数量较大的物种，而不是或很少取食那些数世稀少的物种。除上述两个原因外，一个聪明和高度组织化的捕食者种群，会尽量不去捕食那些数量变得很少的物种，以使它们有一个最小的生产量和繁殖率。

3.寄生与疾病。从适合度意义上来讲，有毒病菌的适应性很差，这是因为，有毒病菌使寄主致死或严重衰弱的同时，也不可避免地导致了自身的灭亡。病菌常常是导致物种灭绝的一个重要因素。在这方面，病菌和捕食者具有共同的特点，即病菌的生存往往建立在寄主或被食者生存活力的基础之上。这种相互依存关系的自然结果是形成"特有性平衡"。在这种情况下，病菌的致病能力减弱，这是在长期的协同进化过程中逐渐形成的。在这一过程中，被寄生物种对病菌逐渐产生了抗性，同时病原体的毒性也逐渐降低。由此推论，病害的广泛流行应该是相当罕见的。只有在长期存在的生态平衡被打破的情况下，该区域才有可能发生广泛的病害流行。病害流行通常可分两种情形，当易受感染的寄主物种从未受病菌感染的区域迁入病菌感染强烈的地区时；当病菌传入没有病菌传染的地区时。

二、大时间尺度灭绝环境因素

物种对其生存的环境有其特定的要求，只有在特定的生存条件下才能稳定地生存繁衍，即便世界性分布物种也不例外。从化石记录可以看到一些世界性分布的类群在世界性气候和地质变化中常常灭绝，这并非是生物内部的原因，而是生物赖以生存的环境条件被破坏和变更的缘故。导致生境条件变更和破坏的因素可划分为3种类型，即缓慢的地质变化和气候变迁、迅速而大规模的灾变事件。

1.物种灭绝与缓慢的地质变化。使生物生存条件变更的缓慢地质变化主要指地球板块的移动、海域消失以及由此而产生的大陆生态地理条件的缓慢变化。地壳整个布局的改变破坏了原来的生存条件，同时又创造了新的生存环境。如二叠纪和三叠纪交界时期，超级大陆与联合古陆的形成使大量生存在大陆架上的海洋生物灭绝，同时又为陆地生物的进化创造了必要条件。也正是在这一缓慢的地质变化中，裸子植物逐渐取代了蕨类植物，成为植被中的优势成分。

2.物种灭绝和气候变迁。气候的变迁改变了生物在纬度和经度上的分布范围。气候的变迁还往往造成大量物种灭绝。根据化石记录，晚白垩纪全球气候的干旱化使38％的海生生物属彻底灭绝，陆地动物遭受灭绝的规模更大；第三纪始新世末期，由于气温迅速变冷，许多在古新世后期和始新世占优势的植物类群灭绝；第四纪冰川的影响又使大量的植物类群销声匿迹。分布在岛屿的物种在气候发生变迁的情况下更容易灭绝。大陆上尽管具有广阔的空间，然而物种对其分布范围的调整并不如我们所想象的那样轻而易举。上述地质时期大量生物类群的灭绝就是例证。对于一个长期适应于某一特定气候的物种或类群，其适应性以及适应性的调节范围总是有限度的。气候的变化或变迁超过了某一物种或类群的调节限度，就可能导致该物种或类群不可避免地走向灭绝。

3.物种灭绝和灾变事件。生物类群的大灭绝往往和地球上重大的灾变事件相关联。有些灾变事件仅发生在局部区域，有些则是全球性的。美国生物学家Sepkoski根据到目前为止所有的化石记录和地质上大量资料的统计和分析，揭示出地球历史上生物界曾经历了几次重大的灾变，都出现了生物类群的大量灭绝。这些灾变事件有些是地球内部的自身运动所致，如海退现象、火山爆发、造山运动及海洋作用；有些则是来自外部空间的干扰，如太阳系中一些小行星和地球相撞、超新星的爆发等。

4.海退现象对生物影响。海平面的下降常常关系到多次生物区系的危机时期。海退明显地使大陆架生物类群的生存空间减少，导致种群数目的急剧减少，最终使大量物种灭绝。如二叠纪后期地球历史上最严重的生物区系危机可能是由于巨大的海退所致。尽管海退在减少海洋性生物生存空间的同时又扩展了陆地生物的生存空间，海退所导致的全球性气候变化仍使陆地生态系统不可避免地遭受到严重破坏并导致大量物种灭绝。当大陆普遍被浅海覆盖时，全球气候相对稳定，呈现温暖和湿润的特征。海退则破坏了这种温和的海洋性气候，产生了从海域到内陆气候的巨大差异，并且普遍出现干旱和气温的急剧变冷，大陆性气候的季节变化显著增强。尤其值得提出的是，气温的急剧变冷常常是生物区系发生严重危机的前兆。

5.火山爆发和造山运动所引发的生物大灭绝。火山爆发直接导致大量生物灭绝。短时期内大量的火山爆发时，其效应与小行星与地球相撞所产生的气候效应相似，大量的火山灰冲入大气层，加强了地球对光的反射能力，使辐射到地球表面的太阳光迅速减少，导致地球表面的气温急剧下降。几次生物区系的危机均发生在火山爆发和造山运动时期。如奥陶纪后期、泥盆纪后期和白垩纪后期所发生的3次生物大灭绝事件均伴随着火山爆发和造山运动。大多数火山爆发的持续时间和生物大灭绝时期相吻合。火山爆发对环境造成的压力最终导致地球局部生态系统的毁灭。

6.来自太阳系的灾变事件和地球生物的大灭绝。近年来，古生物学中一个有争论的问题是关于是否有一个体积巨大的小行星和地球相碰撞，从而导致了晚白垩纪生物界的大灭绝。据推测这颗小行星的体积大约是火星体积的一半，来自于火星和木星之间的行星带。碰撞后所带来的灾变性反应导致了地球生态系统的巨大破坏。在全球范围中呈不连续分布的沉积岩中，人们发现了矿物质具有被冲击的特征。另外，一种小球体也在碳含量较高的同一地层中被发现。这些小球体被认为是由于撞击引起巨大火焰所产生的碳粒。除含有异常铱元素之外，其他地质化学方面的异常现象也被认为是来自地球之外。这种碰撞对地球气候的影响力是巨大的。小行星在大气中燃烧以及和地球的相撞会产生大量的岩石碎片并弥散在大气中，至少要持续一个时期。

这种尘埃云会阻碍所有的太阳光线射入地面，由于光线强度极低、光合作用不能进行，因此在几个月之内地球表面温度迅速下降，并一直维持在0℃以下。除此之外，大气中会出现氟化物、氮氧化物等有毒气体，并可能导致全球性酸雨以及臭氧层的破坏等；这种气候的大骤变势必对生物圈产生重大的影响，全球性气温急剧变冷往往就是生物大灭绝即将来临的征兆。

三、人类活动对生物多样性的巨大冲击

由于科学技术的飞跃发展，人类的物质文明高度发达，一方面给人类社会带来了进步和幸福，另一方面也带来了许多严重的问题：工业产生的废气、废水和固体废物，加上合成化合物和农药、放射性物质，严重污染了人类的生存环境，同时也破坏了自然界中其他生物的生存环境。问题的严重性已到了威胁人类继续生存的地步，美国《科学》277卷5325期专门以"人类统治的星球"为标题组织讨论。生物学家Vitousek等（1997）提出了以下6个结论：

1.有三分之一到二分之一的陆地面积已经被人类活动所改变；

2.工业革命以来，大气中的二氧化碳的浓度提高了百分之三十；

3.人工固氮的总量已超过了天然固氮的总量；

4.被人类利用的地表淡水已经超过了可用总量的二分之一；

5.地球大约有四分之一的鸟类已经在过去的2000年中灭绝了；

6.接近三分之二的海洋渔业资源已经过捕或已枯竭。

当前，最引人注目的有这样4个方面的生态系统问题：（1）全球气候的变化；（2）臭氧层的破坏；（3）生物多样性的丧失；（4）地球的各种生态系统的结构.和功能的改变。对人类最具挑战性的课题是：自然保育、生态系统恢复、地球资源的科学管理。人类活动对生命进化的冲击，首先表现在对地球生态系统的巨大改变。一些大型动物由于被人类的大批杀戮而绝种，更多的动植物种类主要由于人类改变环境而灭绝。地球表面40%的区域被人类作为农业、城市、公路和水库之用，那些天然的动植物区系被农作物、混凝土建筑和其他人工产品所替代。尚未灭绝的物种也面临着人类活动所引起的巨大的环境挑战。截至

△ 太阳系的灾变事件

20世80年代初，全球27.4%的热带雨林已经消失。

据资料统计，人类目前对热带森林的破坏仍以大约每分钟47hd的速度进行着。照此下去，热带森林将在未来20～25年内消失，大量的热带生物种类在生物系统学家还未来得及鉴定归类之前就已消失掉。由此可见，森林的破坏程度和人口的稠密程度的相关关系是不言而喻的，但同时更和人类获取自然资源的方式以及人类对自然认识的观念密切相关。人类活动直接造成生物种类的灭绝之外，其间接影响也是巨大的。人工引种以及人工造林代替天然森林常常改变某一区域的植物群落结构，从而打破了该区域各个生物类群包括动物、植物和微生物长期以来所建立的平衡。人工生态系统仅仅由单一或少数几个物种组成，如农作物种植、人工造林使得遗传多样性和变异性降低，因此是一种潜在的危险状况。在人工生态系统中，一种新的寄生病菌或捕食者可能使一个物种完全毁灭。例如1970年美国的玉米就受到一种地方性线虫病的侵害。人类活动也是许多植物和动物病害流行的直接或间接原因。现代工业所排出的废气使大气中的二氧化碳含量迅速增高，从而导致全球性的大气温室效应。气温的升高往往使陆地沙漠化扩大，生态系统失调，自然环境恶化，从而使一些物种失去了原有的生存条件而灭绝。

目前动植物的进化速度不可能跟上人类改变地球面貌的步伐。地球历史上的大灭绝都经历了几百万年甚至几千万年的地质时期，而人类对森林的破坏导致的大量物种灭绝则发生在几百年或更短的时间内。有迹象表明，地球上的许多陆地植物和动物由于受到人类活动所产生的巨大环境压力，正在迅速地被推向灭绝深渊。

四、物种灭绝的内在机制

根据化石记录，每次大灭绝之后，随之而来的是许多次生物类群的强烈分化和增殖，一些全新的高级类群随之出现，即生物类群巨大的分化波。恐龙灭绝之后哺乳动物迅速扩展就是一个典型例子。进化和灭绝看起来似乎是两种水火不相容的生物学现象，它既使生物走向完善，又使生物跌入深渊。然而其本质只是生命发展的两个不同侧面，既是对立的又是统一的，构成了生命发展中永无止境的运动。

1.灭绝和进化创新。人们可以想象，如果没有物种灭绝，生物多样性不可能不断增加，物种形成便会被迫停止，许多进化性创新如新的生命体和新的生命形式便不可能出现。由此看来，灭绝在进化中的作用就是通过消灭物种和减少生物多样性来为进化创新提供生态和地理空间。灭绝推动进化在高等生物中随处可见，但在一些低等生物中却有例外。最典型的是前寒武纪处于优势地位的细菌和其他一些简单生物的早期化石，与它们现在生存的种类在形状和结构上很难区别，在漫长的地质年代里它们似乎没有多少变化，但这是否能够说明在这些生物类型中从未发生过灭绝，这个问题还值得探索。

2.物种灭绝与类群的系统发育年龄。在系统发育过程中处于幼期阶段的类群仍缺乏对环境的有效适应。自然选择创造了这些类群，同时常常在它们还没有来得及扩展自己时又将它们扼杀在摇篮之中了。这些现象在生物界是普遍发生的。对于新生类群来说，幼期阶段则是它们系统发育中的瓶颈阶段。在众多的新生类群中，只有少数类群能够渡过这一瓶颈阶段。

3.形态性状单一的类群容易灭绝。观察了大量生物化石类群之后，人们发现在正常地质年代形态性状单一的类群容易灭绝，而那些形态性状多样的类群则具有较高的生存率。两个种数相同的属在形态性状多样性方面可能相差极大，生物体的每一个外部形态都和它特定的生理功能相关联。形态性状多样的类群往往具有多样化的生理功能以及较完善的生态适应性。

4.特有类群容易灭绝。通过观察白垩纪后期的大灭绝中北美双壳动物和腹足类灭绝和幸存种，发现了一个十分有趣的现象。即分布于海岸平原的特有属和非特有属的幸存率，在双壳类中分别是9%和55%，在腹足类中分别是11%和50%。对其他动物和植物类群所进行的古生物学研究也有类似结果：地方性特有类群，尤其是属水平上的地方性特有类群更容易灭绝。一些地方性特有属在正常的地质年代具有丰富的多样性，然而却在大灭绝来临之时先受影响。

什么叫迁地保护

迁地保护，是指将生物多样性的组成部分移到它们的环境之外进行保护，和就地保护不脱离原来的自然环境有根本区别。迁地保护在保护野生生物物种方面起十分重要的作用。通过迁地保护的实践和研究，我们可以深入地认识被保护生物的形态学特征、分类地位、系统与进化关系、生长发育、生殖、休眠等生物学规律、生理机制和与各种生态因子的关系，从而为就地保护的管理、监测提供依据，还可以为回归引种、充实引种等就地保护活动提供生物材料；保护的生物在动物学、生物学和社会生物学研究中可以作为野生个体的代用材料和补充野生种群的后备基因库；在保护工作中可以取得宝贵的管理野生种群的经验；可以为那些生境不复存在的物种提供最后生存机会；还可以为在新生境中创建新的生物群落提供种源；迁地保护的最高目标是建立野生群落。

当物种的种群数量极低，或者物种原有生活环境被自然或者人为因素破坏甚至不复存在，或者当物种的生存条件突然变化时，迁地保护成为保存物种的重要手段。IUCN（世界自然保护联盟的英文简称，下同），建议当一个濒危物种的野生种群数量低于1000只时，应当将人工繁育迁地保护作为保护该物种的重要手段。虽然这些物种仍有许多个体，但却面临着生存危机，这种情况下应当考虑实施迁地保护。但是目前迁地保护情况却是常常等到物种濒临灭绝时才应用。目前中国需要保护的濒危物种很多，因此有必要寻找其他迁地保护设施对野生动物的强化管理。当野生种群较小时标志个体是完全可能的，迁地保护种群个体的有关数据如出生日期、出生重、耳号、产仔数目、死亡日期以及死亡原因等必须记录在案，可能时对人工繁育个体野放后的有关数据也应尽可能记录存档。利用现代科学技术作为辅助手段，在有限的空间内创造濒危动物、植物生存的必要条件。通过保证其食物供应，治疗受伤生病个体，采取节育或人工授精淘汰某一年龄段个体等措施，人工管理种群使迁地保护种群处于最佳年龄结构。当迁地保护的种群数量上升到一定量时，对人工驯养个体进行野化训练，在适宜的生境中将其放归自然，建立自然状态下可生存种群是迁地保护的最终目标。

动植物迁地保护的主要方法有：动物迁地保护包括动物园、狩猎农场、水族馆和圈养繁殖计划；植物则被保留在植物园、树木园和种子储藏库里。迁地保护与就地保护有时需要结合采用。对许多珍稀物种来说，要保证其种群的数量，探讨其生物学与生态学特征，在就地保护的同时，仍需要采取迁地保护。如大熊猫在保护区有一定数量的个体（就地保护），而在卧龙的大熊猫繁殖中心和各地动物园也具有较大的数量（迁地保护）。因此对于不同的保护对象，结合两种方式进行保护会取得更好的效果。

一、动物园。动物园传统上热衷于饲养大型的脊椎动物特别是哺乳动物，用以引起公众的极大兴趣，激发公众对野生动物保护的热情。动物园在公开展览中和研究计划中越来越强调保护生态及濒危物种的重要性，利用公众的压力，使政府设立相关的生态和野生动植物的保护区。在这个过程中，其他上千种分布于这些环境中的动物和植物也得到了保护。目前，在世界范围内生存在动物园中的274种珍稀哺乳动物中，仅有约109种能维持圈养种群以保持它们的遗传变异。从我国调查的情况看，动物园收藏中能自我维持的有活力的种群所占比率为10%左右，超过20%的寥寥无几，而其中濒危物种所占比例更低。为了扭转这一局面，动物园以及相关的保护组织将主要工作放在建立珍稀和濒危动物繁殖种群，并设计和发展为建立稀有濒危种群所需的设备和技术，以及在野外重新定殖物种的新方法和新计划的发展上。1979年，中国在安徽建立了扬子鳄繁育中心，第一批有200只鳄进入繁育中心，目前该中心已繁育出3000多只幼鳄。中国已经建立了多个主要珍稀动物的人工繁殖基地：成都大熊猫繁育研究基地、广西黑叶猴繁殖研究基地、上海扭角羚繁育研究基地、沈阳珍稀鹤类繁育研究基地、黑龙江横道河子中国猫科动物繁育中心以及北京的麋鹿园等。采用世界自然保护联盟（IUCN）的物种生存委员会（SSC）圈养繁育的方法，大部分脊椎动物都能在长期饲养中繁殖。这些方法包括仔细调配适合该物种营养需要的食料、加入维生素、添加矿物质，麻醉技术能用来使动物不能动弹，以减少在转运或医疗时的压力；积累关于疫苗注射和免疫方面的知识能预防疾

△ 世界一级保护动物大熊猫

病在圈养种群中蔓延；繁殖记录和研究记录的中心数据库，被用来阻止近亲交配。其中最重要的是国际物种编目系统（ISIS），为59个国家395个动物协会的4200种动物提供信息。一些稀有的动物在圈养中很难繁殖，针对这一问题，生物学家已研究出一些新的技术来提高它们的繁殖率。例如，鸟类中的秃鹫每年仅产一窝卵，如将这窝卵移交给另一近缘种鸟抚养。则母鸟就会产下并饲养第二窝卵，这种技术就是交叉抚养。另一与交叉抚育相类似的繁殖补救法是人工孵卵，也叫做超前计划。即如果母亲无力照顾它的子女，或者幼仔很容易受到捕食者、寄生物或病害的袭击，则在后代的早期阶段由人来科学的照料，稍大后放到野外或者圈养。当一个雌性动物进入发情状态时，而动物园中没有相当的雄性可与之交配，或者一些动物在圈养状态下失去交配的兴趣，如大熊猫，可以采用人工授精的方法。还有一种胚胎移植的方法，即将珍稀物种的受精卵植入一个近缘普通种的代理母体体内。在我国，动物园与野生动物保护有着很深的内在联系，也作出了很多的贡献，并且蕴藏着巨大的潜力。首先在濒危物种迁地保护方面，动物园保持着多种野生动物圈养种群，其中也包括了国家重点保护动物的圈养种群如大熊猫、金丝猴、黑鹿、红斑羚、华南虎、东北虎、扭角羚、鹤类、黄腹角雉、褐马鸡等珍稀动物。这些种类的野外种群已处于灭绝的边缘，圈养种群的扩大和进行

放归对于保护这些物种十分重要。此外圈养种群的存在还可以减少野外种群被捕捉的压力。

从各动物园重点繁殖的物种看，种类不超过30种，有些物种在各个动物园中重复率很高，常常导致种群过小、结构不理想等，并且由于动物园总的容量、科学技术力量和管理力量都十分有限，因此过多的重复对充分发挥其保护潜力是不利的，如何保持合理的种群结构和种群中的遗传多样性，防止种群退化和家化是濒危物种圈养种群的管理方面突出的矛盾。不少动物园反映圈养野生动物种群的结构多半不理想并且很难调整，如武汉动物园金丝猴繁殖中心的金丝猴种群雄多雌少繁殖很不理想。成都动物园、上海动物园等反映，动物园受场地（空间）、经费的限制，圈养种群很难达到和维持合理的大小和结构。

二、水族馆。为解决水生生物所受的威胁，公共水族馆工作的鱼类学家、海洋哺乳动物学家以及珊瑚专家们越来越多地与海洋研究所、政府渔业部门以及保护组织的同行们合作，来发展保护丰富的自然群落和物种计划。目前大约有5800种鱼类在水族馆中维持生存，绝大部分是从野外采集的。当前主要任务是发展各种繁殖技术，使珍稀物种能在水族馆中大量繁殖，在适当的时候将物种释放回野外。鱼类繁殖中的许多技术最初是由鱼类生物学家为大规模生产商品种类的鱼而发展的，其他技术是在水族馆宠物贸易中发现的。水族馆在保护濒危鲸类方面起到十分重要的作用。水族馆的工作人员经常帮助搁浅在沙滩上或在浅水中迷失方向的鲸类，并能够应用从管理常见养殖物种中得到的经验知识来发展援助濒危种的养殖。我国的水族馆有一定的发展，台湾建立了世界最大的海洋生物博物馆。该馆将台湾岛及附近的水域生态用专业模拟技术微缩成若干个展区，如珊瑚区、主渔区、潮润带、河口区、牡蛎区和大洋池等，是保护海洋生物多样性和科学普及教育的重要基地。在北京、上海和大连等地也是有规模较大的水族馆。

三、植物园。全世界1500个植物园目前生长着至少3.5万种植物，约占全世界已知植物总数的15%，加上温室、私人花园，共栽培7万种以上，占世界已知植物总数的30%。世界上最大的植物园是位于英格兰的英国皇家植物园，它大约栽培了2.5万种植物，植物种类大约占全世界已知总种数的10%，其中2700种是濒危物种或者受威胁种类。为保护每个物种的遗传变异，植物园需要增加每个物种的个体数量。植物园越来越多的注意培育珍稀濒危植物物种和植物的多种转化型。在加利福尼亚，一个专门的松树树木园生长着全世界100种松树中的72种。可见，植物园对保护工作的贡献是巨大的。活的物种收藏和有关的干制标本收藏为植物的分布和生境需求提供了最佳信息来源。植物园的工作人员大都是植物分类和保护的专家。植物园派出考察队发现新物种并对已知物种进行观察，这对保护区自身而言是十分重要的。植物园的发展是人类文明发展的标志之一，与人类对植物资源的开发、利用和保护密切相关。它是植物保护和引种驯化的重要基地，也是进行科学普及教育、提高民众文化素养，以及旅游和休闲的最好场所，同时还为开展国内外学术交流提供了理想窗口。中国是一个植物种类丰富的国家，由于它所处的地理位置，在这960万km2的辽阔大地上，生长着约3万种高等植物，高等植物种类占世界区系已知成分的10%左右，居世界第三位。中国又是一个历史悠久的文明古国，建立于公元前2800年前后的"神农"药圃，被认为是世界上植物园的雏形。在中国，近代植物园的建立始于20世纪初。如今全国约有120个植物园，多数建立于20世纪50年代以后，其中中国科学院所属的12个植

物园是：北京植物园、南京中山植物园、华南植物园、西双版纳热带植物园、昆明植物园、武汉植物园、庐山植物园、桂林植物园、鼎湖山树木园、吐鲁番沙漠植物园、沈阳树木园和华西亚高山植物园。在全国植物园体系中，中国科学院植物园所占数

△ 植物园的植物

量不多，但这些植物园多数建园历史较长、规模较大，具有很强的研究和开发实力，在植物多样性保护、资源开发利用、基础研究和科普教育等方面起着主导作用。

四、植物种子库。当植物生长的自然栖息地消失时，种子库便成为保存这些植物最有效和最为经济的方式，它将大量的植物种子或基因收藏在极小的空间内，以备日后将植物归返自然。在人工条件下保存种子、孢粉、器官和组织等使植物种类及它们的遗传基因能得到延续，为未来的利用、培育计划服务，这是植物迁地保护的另一种方法。这种方法的优势在于可以在较小的空间安全地长期贮藏大量正统型种子，可以有效地保存植物的完整性和多样性，入库后所需管理工作较少，与就地保护以及栽培活植物等迁地保护方法相比费用较为合理，便于随时提供材料进行特征记录评估和研究利用。其缺陷是一般不能长期保存顽拗型种子，对不结实的植物以及只能靠无性繁殖生存的品种均不适用；对能源和技术设备的要求很高；对种子的冻结影响了植物适应不断变化的环境和抵御病虫害的进化过程；无意中与种子同时保存下来的有害病菌对未来生物和环境的影响是难以预料的。

贮藏种子的过程为：种子采集规划和寻求合作、采集、快速运送、种子保存、数据输入、初步干燥、清理、X光分析和剪枝检查、确定种子数目、主干燥以及包装和入库等多道工序。将其简化，主要有3步：即干燥、封装和储藏。种子干燥是要去掉种子中不必要的水分，仅保留能保证其今后发芽生长的水分；干燥后的种子采用玻璃瓶罐装，金属铝盖封口，通常一种植物的种子数不少于5000颗；种子封装后，便储藏于温度恒定在−20℃的冷库内。据信，世界上储存种子始于中国，6世纪时中国人将谷物种子保存下来，目的是留待第二年播种。为保存自然植物资源，英国皇家植物园于1975年建立了野生植物种子保存部，最近又开始实施"千年种子库"工程，以期将绚丽的多样性植物世界留给后代。"千年种子库"工程的计划始于1992年，总投资为8000万英镑。工程计划在2010年内完成，主要目标是：到2000年，基本上收集完英国的植物种子；2000～2009年，通过在国外的合作组织，收藏10%的世界植物种子（不包括现在已有的），重点为世界干旱地区的物种；向有政府批准的协议国家分发胚质，促进可持续发展和科学研究；为支持种子保存工作，开展必要的种子研究；为国外合作机构的科学研究人员提供种子保存方面的培训和研究机会；为开展上述活动兴建场所，同时保证公众能接触到种子库工程。按照预定设想，到2010年，种子库将收藏2.9万种植物的种子，其中包括现有的4000种。这是一项造福于后代的宏伟工程，极具有挑战性。

五、基因库。由于近年分子生物学和基因工程研究的迅速发展，基因转移技术已开始广泛应用，如分离一个植物强抗逆性基因或特殊营养价值基因，加上适当的调控元件之后，可以在另一种植物中表达。培育转基因植物以改良其品质和提高作物的抗逆性，如抗病害、抗盐碱、抗高温和抗严寒等。这样，一种新的生物迁地保存类型——基因库的建设便应运而生了。基因的载体DNA可以在干燥的或者低温冷冻条件下在生物体内长期保存，也可以采用现代技术提取、酶切、扩增克隆DNA，建立DNA数据库。基因库正随着DNA测序工作的飞速进展而不断扩大。它不但可以用来比较、鉴定不同的个体、种群和分类单位在遗传上的异同，还能据此合成基因，因而建立和保持这种数据库也可以看做是保存生物多样性的一种方式。

建立基因资源库具有重要意义：1.可以减少饲养个体数，如利用一个个体的精子，可以使多只雌体受孕，增加了个体繁殖机会，延长了个体繁殖寿命；2.可以保护丰富的遗传多样性；3.野生生物基因库为家养动物品质和种间杂交提供种源；4.野生生物基因资源库为地理隔离种间交流提供可能。

目前，基因库对基因的保存与保护主要有下列形式：1.叶片或其他组织的氮保存；2.野生植物特殊基因和稀有植物基因（DNA）的提取、分离和保存；3.其他形式或植物基因材料保存（如标本）等。另外还有一种田间基因库的保存方法，即对那些具有顽拗性种子、种子不育或无法靠种子繁殖的作物可以从各地采来转移到另一地方栽植，但需要占用较大面积的土地，保存的遗传多样性有限，也很难充分提供一个物种的全部生态地理环境。

当今生物技术的新发展

生物技术是指以生命科学理论为基础,利用生物体及其细胞的、亚细胞的以及分子的组成部分,结合工程学、信息学等手段开展研究及生产产品,或改造生物(包括动物、植物、微生物等),使它们具有理想的品质、特性,从而为社会提供商品和服务的综合性技术体系。已被广泛应用于医疗保健、农业、食品业、生物加工、资源开发利用、环境保护,对农牧业、制药业及其相关产业的发展有着深远的影响,成为全球最受关注发展最快的高新技术之一。近20多年来,新兴生物技术不断涌现,自重组DNA技术和杂交瘤技术创建以来,动植物转基因技术、细胞大规模培养技术以及近几年的基因组学、蛋白质组学、生物信息学、生物芯片技术、组合化学和自动化药物筛选技术等相继发展起来。可见生物技术的范围在不断扩展,已进入蓬勃发展的新阶段。根据操作对象和技术的不同,通常把生物技术分为基因工程(含蛋白质工程)、细胞工程、发酵工程、酶工程、生化工程和组织工程六大类。

一、移花接木的基因工程

美国生物学家沃森和英国物理学家克里克在1953年对DNA空间构象的发现,为人类揭示生命的奥秘奠定了基础,从此揭开了核酸分子生物学的序幕。

1972年美国科学家伯格(Berg)首次把两种微生物的基因嫁接在一起,在世界上第一次完成了DNA重组实验,1973年科恩(Cohen)完成了基因工程的全部基础实验,从此基因工程正式诞生。由于伯格的开创性重大贡献,他获得了1980年度的诺贝尔生理和医学奖。

基因工程是将目的(外源)基因经体外重组后导入受体细胞内,使外源基因在受体细胞内复制、转录、翻译表达。该项技术是建立在对核酸结构、生物学性质和功能深刻认识的基础上,这些认识包括:(1)DNA的双螺旋结构模型和DNA的半保留复制；（2）三联密码子的发现及其通用性特点；（3）中心法则的确立和遗传信息从DNA→mRNA→蛋白质传递的分子机理；（4）限制性内切酶、DNA连接酶及DNA修饰酶三大基因工程工具酶的发现及应用。

基因工程的主要操作步骤如下：

1.目的基因的确定和分离

为利用DNA体外重组技术，生产理想的蛋白质（酶、活性肽、蛋白类激素、细胞因子）等物质，首先必须获得蛋白质相应的DNA编码，这种基因称为目的基因。

2.基因载体及与目的基因的体外重组

要把分离纯化的目的基因导入受体细胞必有一种运送工具，称之为基因载体，基因载体决定着目的基因的复制、扩增传代及最终的表达。现已知基因载体由细菌质粒、噬菌体DNA、病毒DNA分离元件组装而成，基因载体有克隆载体和表达载体之分。

3.受体细胞

原核细胞和真核细胞如大肠杆菌、枯草杆菌、酵母菌及动植物细胞等，均可作为基因工程的受体细胞。

4.目的基因的导入

目的基因导入受体细胞的方法很多，若向原核细胞导入通常采用氯化钙处理法，这是将重组的质粒或噬菌体导入细菌的常规技术；对受体细胞为真核细胞而言，有高压电穿孔法、聚乙二醇介导的原生质体转化法、原生质体融合法、细胞核显微注射法、脂质体法和磷酸钙或二乙胺乙基葡萄糖介导的转染法等。

5.目的基因的筛选和检测

导入目的基因的受体细胞，在适宜条件下培养，可大量增殖，为确认受体细胞中已摄入目的基因，对之进行检测的方法有限制性内切酶分析法、分子杂交筛选法、DNA测序法、蛋白质印迹法和利用载体携带的选择标记基因筛选等手段。

20世纪80年代在基因工程的基础上又诞生了一门新兴生物技术，这就是蛋白质工程。该技术是以蛋白质结构、规律及其与生物功能的关系为基础，通过分子设计、有控制的基因修饰及基因合成，对现有蛋白质加以定向改造，为构建并最终生产出性能比天然蛋白质更优越、更符合人类需要的新型蛋白质的技术途径，并为探讨分子生物学的理论问题提供了强有力的新手段。因为这些新型蛋白质的产生是改造后基因表达的产物，与基因工程的程序和原理类同，只是生产出的蛋白质是地球上原本不存在的特殊蛋白，因而有人称之为第二代基因工程。

二、神奇奥妙的细胞工程

细胞工程是建立在以细胞生物学为主的现代生命科学基础理论之上，在细胞水平上改造遗传物质的结构，培养具有新性状的细胞群体、生物个体和株系的工程体系，其对象是微生物、植物和动物。细胞工程主要包括细胞培养、细胞融合、细胞重构、杂交瘤技术和动物胚胎工程等内容。

1.细胞（组织）培养

细胞培养是在体外无菌条件下，对不同来源和种类的目的细胞生存和生长培养的技术。基本程序是：首先要取材、除菌、对材料进行预处理后得到分散生长的细胞，接着针对目的细胞特点和生长条件需求配制适宜培养基，并对培养基进行抗菌处理，最后把接种目的细胞的培养基放到适宜温度和适宜气象条件的培养室和培养箱中培养。

通常被成功培养的细胞为原代细胞，细胞开始生长并繁殖以后，还要进行传代培养，经传代培养得到的细胞即为细胞系，从细胞系中选出具有一定特征的细胞称细胞株。

由于全能性的植物细胞可从单细胞发育成为植株，所以植物的根、茎、叶等不同器官均能被激素诱导形成愈伤组织，进而发育成植株。

2.细胞融合

细胞融合也可称为细胞杂交技术，是指在一定条件下，将两个或多个细胞融合为一个细胞的技术。细胞融合技术的成熟可使生物个体间、属间、甚至亲缘关系很远的物种之间实现细胞杂交，从而获得具有新遗传性状的细胞，克服了传统杂交方法所面临的远缘杂交障碍。操作过程：在融合因子的作用下，细胞间先出现凝集，接着细胞黏着，质膜开始融合，然后在培养过程中发生核融合，形成了具有新融合遗传信息的杂种细胞。

研究已知，因细菌、真菌和植物具有细胞壁，必须先制备去除细胞壁的原生质体（仍具全部内部结构与生理功能的植物细胞）。再通过常规的细胞融合技术使不同物种的原生质体的质膜、细胞核相互融合杂交，然后在适宜条件下，融合原生质体再生出细胞壁并恢复原来的完整细胞形态和群落形态，构成含有多种遗传性状的新物种。

单克隆抗体的制备是动物细胞融合技术的成功应用。操作过程是：将小鼠艾氏骨髓瘤细胞与脾淋巴细胞通过化学促溶剂（聚乙二醇或仙台病毒）诱导完成融合，从而获得了具有双亲遗传性状的杂种细胞。单克隆抗体制备技术的成功及近些年的广泛应用，极大地推进了科学研究和生物医学的发展。

3.细胞重构

这是一种从不同细胞中分离出细胞器及其组分，在体外将它们重新组装成具有生物活性的细胞或细胞器的过程，主要有核移植、核糖体重建、线粒体装配等技术。迄今细胞重构多以动物细胞为材料开展。值得提及的是，英国PPL生物技术公司的罗斯林研究所利用乳腺细胞的细胞核克隆出绵羊——多莉，这一成功表明已分化细胞的细胞核具有遗传全能性，揭示了哺乳动物体细胞克隆的新篇章，这一项技术已经对生命科学、生物医学和动物科学等诸多领域产生了重大影响。

三、异彩纷呈的发酵工程

发酵工程是现代生物技术的重要组成部分。基因工程和细胞工程把生命科学推向五彩缤纷的世界，它创建了许多具有新功能、新品系的微生物新菌种以及动植物细胞的新细胞株，要应用这些新菌种、新细胞株生产出前所未有的美味佳肴、各种新药、奇花异草和多种产品等，唯有发酵工程技术才能担此重任。发酵工程是生物技术走向产业化的关键性技术途径，是一个广泛的多学科组合体系。发酵工程历史悠久，曾有奥妙神秘的过去，更有异彩纷呈的现在。

1.发酵的概念

发酵，是指通过微生物、动物细胞和植物细胞的培养，大量生成和积累特定代谢产物或菌体的过程，是利用生物材料（包括自然界的微生物、基因重组微生物、各种来源的植物细胞和动物细胞等）生产有用物质服务于人类的一门综合性工艺技术，是发酵原理与工程学相结合的产物。

2.发酵工程的历史

发酵工程的历史悠久，早在4000多年前，中国古代劳动人民就已经掌握了制酱业、酒饮料酿造业和食品发酵；欧洲、古希腊、古埃及也有制造麦酒和葡萄酒的历史记载。无论是古代酿造业、近代发酵工业和现代生物技术产业，起主角作用的都是微生物。世界上第一个观察到一般人难以看到的那些小小微生物的人，是300年前荷兰人列文虎克，他出生于手工艺人家庭，没有受过高等教育，当过学徒，做过看门人，靠自学成才，酷爱制作放大镜和显微镜，正是应用自制的先进仪器，使他成为世界上看到细胞和微生物的第一人，这一贡献使他在微生物学史中地位显赫。到了19世纪中叶，法国化学家巴斯德以其丰富的实验研究成果揭示了发酵的化学本质，明确指出："一切发酵过程都是微生物作用的结果。"巴斯德不但对以往的发酵、食品加工过程给予科学的解释，也给新的发酵工业的发展提供了理论基础，他是该领域把生物学原理和工程学原理结合起来的伟大鼻祖。由于贡献巨大，人们称他为"发酵工程之父"。

3.发酵工程的程序与步骤

发酵工程是利用微生物生长和代谢活动生产出对人类有用的多种产品的工程技术。由于它以微生物培养为主，又称微生物工程。

发酵工程有很多特点：（1）与纯化工合成相比，发酵过程是在常温常压下进行，因而耗能少，对设备要求不高，相对投资较少；（2）发酵所用的原料是农副产品和其他加工产品，如豆饼、玉米、淀粉、酵母膏、牛肉膏、玉米粉等，其生物资源具有再生性，所以发展前景和应用潜力是无限的；（3）通过发酵工程可以生产许多其他方式难以合成的结构复杂的有用物质，如多肽类药物、氨基酸和抗生素等。

4.发酵工程的分类

发酵的种类多种多样，按发酵工艺类型分为批式发酵（间歇式发酵）、半连续发酵和连续发酵；按发酵原料分类有糖质原料发酵和烃类原料（石油、天然气）发酵等；按发酵过程对氧的需要不同分为厌氧发酵（如枸橼酸

△ 发酵工程

醇发酵、丙酮发酵、酒精发酵等）和好氧发酵（如枸橼酸发酵、酶制剂发酵等）；按发酵状态分为固体发酵、液体发酵、有机酸发酵、氨基酸发酵及酵母培养等。

四、前景广阔的酶工程

酶工程是指利用生物体内具有特异催化功能的酶，借助固定化生物反应器和生物传感器等新技术和新装置，高效、优质地生产特定产品的一种新技术。酶是生物体中有高度催化活性的蛋白质，它可以高效专一地催化特定的化学反应，并且具有反应条件温和、反应产物容易纯化等优点。酶促化学反应污染小、耗能低、易于控制、操作简单、催化范围广，所以与传统化学反应比较，具有更强的竞争力，应用潜力巨大，市场前景广阔。酶工程主要包括酶的固定化技术、细胞固定化技术、酶结构修饰改造技术和酶反应器的设计技术等。

随着酶工程的应用领域从传统的食品、轻纺方面向医药、环保、化工、科研等领域的扩展，质量更优的品种将会更加多样化。

当代酶工程的趋势之一是寻觅耐高温、耐酸、耐碱、耐盐的极端条件酶（这些酶通常存在于嗜酸、嗜碱、嗜盐的细菌中），随着研究的深入，极端条件酶将为酶工程的扩展和产品创新开拓新兴领域。

五、出神入化的生化工程

生化工程包括发酵工艺、生物反应器设计制造、传感器的研制以及产物的分离提取和精制技术等。

生物反应器是生物技术开发中的关键性设备，它为活细胞或酶提供适宜的反应环境，以达到增殖或产品形成的目的。生物反应器的结构、操作、条件和生产控制直接关系到产品的产量、质量和耗能。生物反应器的研制正向大型化、仪表化、多样化发展，以实现自动控制和程序控制。传感器用于生物反应器运行过程中各种参数的检测与调控，为生物工程生产现代化和高效化创造了条件。生物产品的提取、精制和包装等下游加工工艺也是生化工程的重要环节，关系到产品的质量和收率。

六、再造生命的组织工程

这是一类新兴的生物技术。近20年来，在分子生物学、移植免疫学、细胞生物学、新型医学材料、临床医学等学科及基因技术、分子克隆技术、免疫隔离技术、大规模细胞扩增技术、体外组织构建技术等高新技术飞速发展的基础上，于20世纪末叶又诞生了具有重大科学价值被誉为再造生命的"组织工程"。组织工程应用在医学领域就是所谓的"再生医学"，这是人类医学史中的一场划时代的革命，标志着"生物科技人体时代"的到来。再生医学的最终目标是将功能细胞（又称种子细胞）与可降解的三维支架材料（人工细胞外基质）在体外条件下联合培养，构建成有生命的组织或器官，然后植入患者体内，替代病损的组织，恢复组织和器官的形态、结构和生理功能或构建一个有功能的体外装置，用于暂时替代病损器官的部分或全部功能；或以某些生物活性物质（如生物活性因子、干细胞等）植入体内，引导或诱导自身组织再生，达到组织器官结构修复和功能恢复的目的。

组织工程的研究过程由两大部分构成：一是以现有知识制造产品一组织，因此组织工程的独特之处在于研究细胞与可吸收支架材料以及与组织形成有关的环境因素（包括力学负载）的相互作用，即细胞-支架材料-调节因子三位一体；二是将制造的组织植入动物或人体内病损部位。工程化组织构建的关键是必须有活性的种子细胞（功能细胞）存在，才能赋予工程组织以生命。因此，种子细胞的获取、培养及功能发挥是组织工程研究领域中最重要的基础环节。

在组织工程的研究和应用过程中，涉及多种技术，如细胞培养技术、细胞的基因改造技术、细胞包埋技术、细胞示踪技术、细胞外基质制备技术（包括天然、人工合成和复合人工合成细胞外基质等）、细胞与细胞外基质的联合培养技术、工程化组织的动物体内植入及其检测技术、组织工程的分子生物学技术、工程化组织的临床应用技术等。

1.种子细胞

种子细胞是支架组织的生命源泉，并形成所构建组织中的功能细胞（实质细胞），由于构建不同组织的需要，种子细胞亦不相同。

（1）胚胎干细胞。这是一类可在体外稳定自我增殖并具有发育全能性的未分化的"万能"细胞，是生物发育奠基细胞之一。它具有与早期胚胎细胞相似的形态特征及分化潜能。这类细胞在特定培养条件下，可被诱导定向分化。因此，这是一类开辟再生医学和细胞分化、细胞发育研究新途径的理想细胞，可为组织工程构建提供无抗原性、分裂能力强、功能活跃的种子细胞。

（2）成体干细胞。此类细胞的发育可塑性为组织工程提供了广阔的种子细胞源泉。直至20世纪90年代，人们才揭示出成体干细胞的发育可塑性。迄今已知，不仅骨髓间质干细胞可在不同特定条件下向软骨细胞、骨细胞、成肌细胞、成纤维细胞、脂肪细胞、肝细胞等分化，而且在皮肤、肝脏、神经等部位也存在各自的干细胞，并具有相互转化的现象，例如可从小鼠造血干细胞培养出肝细胞，神经干细胞可发育分化为造血细胞。因此，成体干细胞也是组织工程构建的种子细胞的重要来源之一。现已有自体骨髓间质干细胞与支架塑料复合构建的"组织工程骨"临床应用的个案报道。

（3）人胚胎组织细胞。从人的早期胚胎（大约在妊娠12周以内）获取的功能细胞，由于它们的免疫功能还不完备，同种异体移植时的免疫排斥反应很轻微，并具有强分裂增殖能力、可继代培养等优点，因而是较理想的种子细胞。迄今已有许多以胎肝细胞、胎脑细胞等为生物制剂成功治疗多种疾病的临床报告。

（4）异种细胞。近十几年来，以猪细胞为素材开展的异种细胞作为种子细胞来源的研究有相当进展，为克服免疫排斥已成功构建了转基因猪模型和基因敲除模型。一旦克服了异种细胞的免疫反应及人畜共患疾病，便会启动异种细胞作为人类组织工程种子细胞源的新领域。

（5）种子细胞扩增研究技术有所创新。构建组织工程产品需要大量细胞，怎样从少量组织获得大量细胞是该技术亟待解决的核心问题之一。为此，正在通过各种方法努力攻克这一难题，例如生长因子的应用、动态培养系统、环绕混合培养系统、应力场培养装置的形成等。

2.支架材料

组织工程构建中可降解的支架材料，是为种子细胞停泊、生长、增殖、新陈代谢提供场所的人工细胞外基质。由于人体组织结构的复杂性，不可能用一种支架材料去构建不同的组织，这为支架材料的研究提出了更高要求。迄今已使用的有聚乳酸、聚羟基醋酸、聚乳酸和聚羟基醋酸的共聚物等可降解高分子材料；磷酸三钙和多孔羟基磷灰石等陶瓷材料；生物衍生材料（这是生物组织经过处理后获得的材料）如胶原凝胶、脱真皮组织工程皮肤、纤维蛋白凝胶、组织工程软骨等。

3.细胞与支架相互作用的研究

细胞与支架材料互相作用的研究是评估材料的细胞毒性、观察材料降解过程中细胞功能发挥及材料降解速度的匹配状况以及判定新组织能力的重要程序。

4.组织工程化组织的动物体内植入

植入体内的工程化组织直接暴露在受体组织中，被受体组织体液环境环绕，参与局部体液代谢，承载相应的生物学应力。因此，种子细胞和支架材料都首先面临程度不同的炎性反应，发生免疫排斥反应。工程化组织内发生细胞存活、适应和其基质材料继续改建和重塑吸收等反应。为此，当工程化组织植入动物体内后，早期检测应以组织反应、植入体的存活状况及其与宿主组织的愈合情况为主，中后期以观察被替代组织的功能状况、植入体内营养状况、血管化及最终转归等为主要内容。

虽然组织工程及再生医学的诞生时间不长，但人类已感受到它的无穷魅力和令人向往的发展前景。可以预料，它在与其他生物技术进一步相互促进、融合的过程中，必将更加发展和完善。

基因工程、细胞工程、酶工程、发酵工程、生化工程和组织工程六大方面，在生物技术体系中是互相依赖、相辅相成的。基因工程和细胞工程是重要的上游技术，可对微生物和细胞进行人为的改造，按照人的意志设计并生产特定的生物工程产品。发酵工程和酶工程可视为生物技术的下游工程，这些以工艺为主的技术是实现生产力转化的重要环节。组织工程是再造生命的最高技术层次。所以，由它们组成的生物技术是现代生命科学体系的技术顶峰。

生物信息学、工程学和生物技术的有机结合开创了人类按自己需要和意愿改造生物和创建新生命的伟大时代，这是生命科学史上的一次大飞跃；生物技术是下一代新兴产业的基础技术，由此形成的生物产业和基因产业将是生物工程社会生物经济的支柱产业。因此，生物技术对人类社会的发展将产生极其深远的影响，生物技术的研究和开发必将为解决世界面临的人口、能源、粮食、疾病、污染和资源等严重问题开辟新途径。

七、生物技术的应用现状与前景

1.医药卫生领域的应用

生物技术应用最广泛、发展最快、潜力最大的领域是医药卫生事业。60～70%的生物技术研究开发隶属于医药领域，基因工程药物的研究和商品化成绩斐然。

（1）疾病诊断：从基因角度审视疾病可将人类的疾病分为3类：单基因病，是由一个致病基因引起的，已发现5000～6000种，如地中海贫血遗传病等；多基因病，这是多个基因改变导致的复杂疾病，如高血压、冠心病、糖尿病、肿瘤和脑血栓病等；获得性基因病，是由病毒传染导致的疫病，如肝炎、艾滋病、猪瘟、马传染性贫血、鸡瘟等。

生物技术的发展和完善及应用与开发，为医药卫生事业提供了崭新的诊断和监测技术，特别是DNA聚合酶链式反应（PCR）、单克隆抗体制备技术、DNA分子探针技术、DNA芯片技术等的应用，使诸多疾病，特别是肿瘤、艾滋病及其他传染病在早期就可以得到准确诊断，这对疾病的针对性治疗和预防意义重大。

通过淋巴细胞杂交技术制备单抗诊断试剂是最先商品化的一类产品，这是利用细胞融合技术、按照人们的意愿在体外大量培养融合细胞，由筛选出的融合细胞产生针对某一抗原决定簇的抗体。由于单抗能特异地识别某一特定抗原决定簇，所以它具有成分单一、特异性强、灵敏度高等优点。这项技术自1981年问世以来发展迅速，迄今世界上研制成功的针对病毒、细菌、寄生虫、肿瘤及蛋白质、核酸、各种细胞与组织的单克隆抗体已达万种，广泛应用于生物医学、生命科学及医药工业等诸多领域，其中应用于医学中的单抗诊断试剂就有数千种，有血型诊断试剂、细菌感染血清诊断试剂、性别及肿瘤表面抗原诊断试剂、妊娠诊断试剂等。

DNA诊断技术的发展同样令人鼓舞，可从DNA层次上准确诊断人类的肿瘤、传染病、遗传病等多种疾病。这项技术首先需制备DNA探针，这种"探针"是一段与已知基因有同源性的核酸序列，依据它与被检测基因DNA分子杂交与否判断同源性，达到确诊的目的。DNA诊断技术有多种检测方法，特别是利用PCR技术在体外扩增特异的DNA片段，显著提高DNA分析的灵敏度和DNA诊断效率。例如利用PCR技术，可把病毒DNA放大达10亿倍，从而准确地诊断心脏病毒感染；又如用PCR技术检测乙肝病毒，与其他标准方法相比灵敏度可提高上万倍。随着功能基因组和生物信息学理论研究的深入，在弄清人体基因组、基因及其表达相互作用关系之后，基因诊断将进入一个更高层次。每个人一出生都有自己的基因卡，这是个人保健、治病、防病的遗传信息档案，以此可记录和预测健康状况。

（2）疾病治疗：

①基因治疗。利用功能正常的基因通过基因置换、修正、修饰、失活等技术，达到治病的目的即为基因治疗。目前常用的方法是将外源基因从体外导入细胞，将修饰过的细胞回输到患者体内并使其表达，或将治疗基因直接

导入患者的相关组织细胞内。基因治疗的价值和意义巨大，但迄今治疗效率不高，尚存在表达水平低、整合随机性大、传染率低等难题，还需要深入探讨有关理论和技术，以期获得理想的治疗效果。

②单克隆抗体（生物导弹）治疗肿瘤。以单抗或单抗分子中的抗原结合部为载体，将毒素或核素耦联于其上，单抗分子只与发生癌变的组织或细胞结合，因而毒素和核素就集中在癌变组织处，达到定点杀伤肿瘤的目的，就是所谓的"生物导弹"。为此，寻觅肿瘤特异抗原的研究正在深入。

③生物药品。自1982年美国FDA（美国食品与药品管理局）批准第一个基因工程药物（重组人胰岛素）正式生产以来，采用生物技术研究和开发治疗肿瘤、心血管疾病、遗传病、艾滋病等重大疾病的药物发展迅速。迄今，科学家已经克隆了300多种不同的人源蛋白质药物的基因，其中红细胞生成素、干扰素、重组人生长激素、集落刺激因子、白细胞介素、单抗、疫苗等百余种药物已获准生产上市。此外，重组流感病毒苗、重组狂犬病疫苗、重组乙肝疫苗、重组麻疹病毒活性疫苗等也都取得了良好的防病效果。

生物技术为天然药物的开发利用开辟了崭新的途径，如利用基因工程菌代替传统菌种生产抗生素，从而达到改造原有抗生素性能和品质、提高抗菌能力、减少毒副作用的目的。对于紫杉醇、奎宁、洋地黄、长春碱、人参皂甙等植物的次生代谢物，可采用植物细胞培养技术及各种植物细胞固定技术，在预先设计的生物反应器中高效生产出具有商业价值的产品，以摆脱资源局限，降低成本，满足需求。

近年来，采用动物生物反应器技术和细胞发酵法生产人源性蛋白质类药物，已经在解决人类面临的严重疾病方面创造了奇迹。如组织型纤溶酶原激活剂（TPA）可用于卒中（中风）患者的治疗。TPA在激活纤溶酶后能将血栓溶解，从而使患者阻塞的血管得以疏通。另如促红细胞生成素（EPO）是一种人体蛋白，可以刺激人体产生更多的载氧红细胞，帮助血液运输氧，从而可以用来缓解肾衰竭病人或化疗病人的贫血症状。

2.农业生物技术

全球范围内的农业发展正面临着生产结构调整、降低生产成本、改进产品质量、减少化学农药和肥料使用、改善农业生态环境等重大任务。生物技术原理和许多方法在农业生产中的广泛应用，从根本上改变了传统农业的技术手段和运作方式，通过生物体之间的基因转换和重组、改变生物遗传性状、实现多种生物体优势于一身，从而培育出抗逆性强、高产优质、营养丰富

△ .农业生物西红柿

的大批农作物、家畜、家禽和经济水产类新品种，极大提高了农业生产的经济和社会效益。农业生物技术必将对农、林、牧、副、渔各业产生革命性的影响。

（1）植物生物技术：科技工作者应用孢子或花药培养技术获得单倍体植株后，经染色体加倍就可以得到双倍体纯系，缩短新品种的育成时间。以此技术中国已培育成功具有高产、优质、早熟、抗病、抗逆性状的水稻、小麦、甜椒、大白菜、烟草等新品种。茎尖脱毒和体外快速繁殖技术在香蕉、马铃薯、草莓、蔬菜、花卉和林木生产上也得到了广泛的应用。随着转基因技术的不断完善和成熟，围绕转基因农作物的国际竞争日趋激烈，美国目前已有6000余种转基因作物进入大田试验。中国这项事业起步虽晚，但由于政府有关部门的重视及科技界的努力发展很快，目前转基因作物田间试验和商业化生产的面积位居世界第四位。

对于转基因生物（作物）的推广使用，有些人不免产生怀疑和误解，这是大可不必的。因为转基因技术是一项十分严谨又能够造福于人类的全新技术，以此获得的生物有许多奇妙的功能，是传统遗传育种方法不可能得到的，以下举几个实例说明。

①地雷探测器——转基因拟南芥。地雷是一种常规战争武器，据不完全

统计，世界各地还埋有1亿多个未爆炸的地雷，长期难以清除，平均每年有25000多人被炸死或炸伤。1997年渥太华国际会议上各国签署了禁止使用地雷的规定，联合国计划2009年清除全部地雷，但目前的清除方法费时、昂贵、危险又效率低下，每清除一个地雷需300～1000美元。丹麦科学家构建了转基因拟南芥，可以探测地雷所在位置。自然状态下的拟南芥在寒冷和干旱时叶子变红，而有一种突变型拟南芥由于体内缺少制造红色素的基因，叶子不会变红。据此，科学家首先把遇到二氧化氮便可启动制造红色素基因活动的启动子与制造红色素基因重组成目的基因，然后导入突变型拟南芥。因埋藏在地下的地雷炸药可被细菌分解而释放二氧化氮，如果这种转基因拟南芥生长在这种土壤中，叶子就会由绿变红，以此为指示便可有效、安全、快速地清除埋在土壤中的地雷。

②不腐烂的西红柿。自然状态的西红柿成熟后不久便变软并腐烂，造成经济损失。研究表明，西红柿细胞壁上有一种胶质，是保持西红柿不变质的物质。还有一种多聚半乳糖醛酸酶，可分解胶质进而导致西红柿变软和腐烂。科学家已把多聚半乳糖醛酸酶的基因克隆出来，合成其"反义基因"，把这种反义基因转入到西红柿细胞内，转入基因导致这种酶基因失活，不再合成多聚半乳糖醛酸酶，细胞壁的胶质就不会被分解，从而达到了西红柿保质的目的。

（2）动物生物技术：以动物为对象实施生物技术手段，创造新性状，培育新品种的技术即为动物生物技术。迄今以鱼类、两栖类、昆虫（蚕）、家禽、家畜、人等动物为素材的生物技术成就层出不穷。这里仅对哺乳动物生物技术的应用做概要介绍。

哺乳动物生物技术的实施多以早期胚胎为对象，这是因为哺乳动物的早期胚胎分裂和发育属于调整型，尚未发生细胞分化，此时对卵裂球的塑造完全可以导致个体性状的改变。生物技术在早期胚胎的操作称为哺乳动物胚胎工程，由胚胎冻存、胚胎移植、胚胎分割、胚胎嵌合、试管婴儿、性别控制、胚胎干细胞、核移植和转基因动物构建等多项内容组成。随着胚胎工程中细胞核移植—胚胎干细胞技术—外源基因导入技术有机组合的新方法升华到一个新层次，对揭示发育、遗传、老化理论，对创建无免疫排斥器官和乳腺生物反应器及尽快产业化具有无法估量的推动作用。人类认识自身、改造生命和复制生命的时代已初见端倪。

3.海洋生物技术

20世纪后半叶以来，随着社会经济的飞速发展和人口激增的需要，陆地资源日益短缺，有识之士把人类生存发展的目光投向了海洋。以生命科学为基础的海洋生物技术，是充分利用海洋生物体系（组织、细胞及其组分等）和工程原理，创造社会财富的前沿技术科学，它已经和正在推动一批批新型产业的诞生和发展。海洋生物技术的着眼点：一是向海洋要食物；二是向海洋要药物；三是保护环境和资源。中国是具有较长海岸线和拥有较大海洋面积的国家，更应抓住机遇。

首先，用高新技术改造传统的海水养殖业，选育和改良优质高产抗病的鱼、贝、虾、藻新品种，发展种质保存和鉴定技术，及时检测病毒并有效防治疫病，生产高效专用的特殊饵料和开发水产品加工新技术；其次，海洋生物中蕴涵多种陆地生物不具备的活性物质，是新药和其他精细产品的重要资源。肿瘤是人类健康的头号大敌，通过基因工程、生化工程与天然产物开发有机结合，研制和筛选新型抗肿瘤药物有着广阔的前景。日本、俄罗斯和英国等国的研究机构和药厂投入大批资金开发海洋药物，已获得了诸如海鞘素、苔藓（虫）素、类前列腺素等一批有较高疗效的抗肿瘤药物。

△ 海洋生物

海洋是医药新材料的源泉，从海洋获取和通过仿生学研制更有效的药物是众多科学家的主攻方向之一。为实现海洋开发和可持续发展，加强海洋环境和资源多样性保护是十分关键的任务。

4.食品、化工生物技术

（1）食品工业：微生物发酵生产的蛋白质有些可供人类直接食用，有的可作为家畜和家禽饲料。利用微生物生产单细胞蛋白质具有原料来源广泛、产率高及产品营养丰富等优点，如国外上市的真菌蛋白蛋白质含量达44%，且脂肪含量低，不含胆固醇，深受广大消费者的欢迎。与液态培养的真菌蛋白相对应的是固态培养的食用菌，随着育种和栽培技术的提高，这一产业正日益显示出其实用前景。

以生物技术构建新的工程菌种代替现有抗生素、氨基酸、糖类、饮料及有机酸等重要发酵产品的生产菌种，是改造传统技术产业的重要手段之一，传统发酵产品生产中存在的高能耗、高物耗、严重污染环境的状况开始得到改善。

（2）化学工业：生物技术的发展，不仅可制造其他方法难以生产或价值很高的稀有产品，而且在改革传统化工生产面貌，创造节能、少污染的新工艺方面也有突破。如用转基因技术构建生物反应器生产生物塑料，以解决化学合成塑料污染重、难降解问题；再如用酶法生产的化工原料环氧乙烷、环氧丙烷，避免了传统化学方法的缺点（需要高温、高压、污染大），且投资少、省原料，副产品果糖也是重要的食品生产原料，具有污染低、资源利用率高等优势，这对生产企业有巨大的吸引力。

5.能源、环保领域的应用

（1）能源工业：能源危机是人类已经陷入并亟待设法摆脱的主要困境之一。生物技术的应用将是人类寻求新能源的有效途径之一。

生物技术可向人类提供的新能源有乙醇、甲烷、氢气等。通过微生物发酵或固定化酶、固定化细胞技术，可将绿色植物的秸秆、木屑和工农业生产中的纤维素、半纤维素、木质素等废弃物转化成可燃化合物（乙醇、甲烷）；还可以通过大量培养光合细菌产氢，利用藻类通过光合作用放氢。因此，无论是利用纤维素和半纤维素转化，还是利用微生物直接生产，都可实现用低污染的可再生燃料替代石化燃料，并由此解决石化能源危机及其所带来的环境污染问题。

生物技术除了在开发新能源方面有广泛应用之外，还在石油的勘探和开采中具有应用价值。例如运用传统技术开采石油，油层经第一和第二次采油后，仍有50%黏滞性原油难以采出。利用生物技术采油，主要是通过向油层注入能产生大量二氧化碳、甲烷等气体的基因工程菌株，它们在油层中不仅产生气体增加井压，而且还能分泌表面活性剂，以降低石油黏度，从而提高采油率。

（2）环境保护：人类对自然资源日益增长的需求与生态系统本身资源数量及更新能力有限性的矛盾，不仅制约了经济的发展，导致了全球性环境恶化，也严重影响了人类自身的生存和发展，从而引起人们的普遍关注。

生物技术在环境保护中的应用主要体现在两个方面：一是现有资源的节约和高效又无污染的利用；二是污染的治理和监测。前者主要指直接或间接利用生物体或生物体的某些组成部分或某些机能，建立降低或消除污染物产生的生产工艺，高效率地生产药品、食品、化工产品或原料等；后者则指利用生物有机体的吸收、吸附、积累、降解、结合等功能特性，高效降低或净化环境中的污染成分。

利用生物技术构建的基因工程菌或转基因生物在环境治理方面有着广阔的应用前景。在污水处理方面，可采用的生物技术有稳定塘、水生生物塘、人工湿地处理系统、活性污泥、生物膜等处理技术；在净化空气方面，可采用的生物技术有生物过滤、生物洗涤、生物吸收等净化技术；在固体废弃物处理方面，可采用的生物技术有填埋、堆肥等减量处理技术；在环境监测与评价方面，可利用细菌、藻类等生长迅速的生物作为指示生物，分子杂交、生物传感器等监测技术。

6.关于基因武器问题

人类的智慧不仅能按照物理学规律设计各种机器，把人造卫星和飞船送上天，也能根据生命科学原理通过生物技术创建出各种新生物——即把人为的"蓝图"授予杂种生物细胞，让它们按照人们的设计方案施工，创造出人类需要的生物新品种，或产生新的性状。

类同于发展原子能的同时发明了原子弹，基因工程的误用和基因武器，其破坏力将远远超过原子弹。人类基因组全序列分析完成后，有关人类基因组多样性研究，正在确定有关种族特征的基因及其定位，现已发现700余种的种族基因，对这些基因的研究有望找到改变种族特征的办法。假若有人把致癌基因、抗药基因重组到种族特有基因中，并把这种重组基因导入水果、粮食、蔬菜、家畜、家禽中，相关民族的人群食入后，就会造成对该民族的长期威胁。因为基因武器比普通生物武器更难察觉，也许经过多年的隐形"种族清洗"之后，受害人群才觉察到有人在他们这个民族使用了这种种族灭绝武器。人类基因组计划完成后，世界各国的首脑、参政要员和科技界都为此伤神和操心。有识之士主张，为了不使相关研究成果被坏人掌握和利用，必须制定法规，严禁以战争为目的的基因研究，以防患于未然。

7.生物技术与生物安全

（1）生物安全的概念：生物安全是指在特定的时间和空间范围内，由于自然或人类活动引起外来物种迁入，并由此对当地其他物种和生态系统造成改变和危害；人为造成环境的剧烈变化而对生物的多样性产生影响和威胁；在科学研究、开发、生产和应用等方面中造成对人类健康、生存环境和社会有害的影响。例如，生物入侵引发的生物安全问题，已成为世界危害最为严重的环境问题之一，中国每年由于生物入侵造成的经济损失达574亿元，全球损失更高达数千亿美元。基于生物技术发展有可能会对生态环境、生物多样性、人体健康造成潜在的不利影响，尤其是当人类不能确保正确合理操作和运用这项技术时，这种影响可能是灾难性的。正是出于这种担忧，人们提出了生物技术开发和应用过程中可能引发的生物安全问题，即生物技术的研究、开发、应用及转基因生物的跨境转移可能会对生物多样性、生态环境和人体健康产生潜在危害，特别是各类转基因活生物释放到环境中可能对生物多样性构成潜在的风险与威胁，人类应采取一系列有效预防和控制措施。

（2）生物技术可能引发的生物安全问题：生物技术的核心是重组DNA，利用重组DNA技术构建的工程菌和转基因动植物进入环境后可能使自然生态环境出现问题，食用转基因动植物产品可能产生某些潜在的、目前还难以预测的危险。迄今为止，科学家们提出生物技术最有可能在以下几个方面给人类和环境造成不良后果：①生态环境方面。存在于转基因植物中的具有某种抗性的基因可能通过杂交转移到野生或半驯化种中去，这种转移的结果必然增加了这些植物的抗性特征，因而严重威胁其他生物的正常生长和生存，并对自然生态环境带来意想不到的严重后果。例如，俘获了毒蛋白基因的杂草，可能会由于食草动物难以伤害它而得到迅速繁衍和蔓延；②生物多样性方面。转基因生物已经突破了传统分类学的概念，一般都具有某种普通物种不具有的优势特征，如果释放到自然环境中，将有可能通过改变物种间的竞争关系而破坏原有自然生态系统本身的稳定协调关系，导致生物多样性的丧失。例如白杨、松树等风媒树木的基因工程可能会具有严重破坏自然群落机制的潜力，从而导致森林群落遭到破坏，生物多样性下降；③人体健康方面。转基因生物产品作为商品对人体健康可能带来影响，这一直是人们关心的问题。例如，把能够影响蛋白酶活性的抑制基因引入植株后，既然能使以其叶片为食的昆虫消化功能受到损害，那么其果实、种子作为食物直接进入人体或经动物转化后再进入人体，很可能对人、畜造成类似的伤害。

（3）生物安全管理的目标和对策：由于生物技术产品风险的出现具有长期滞后性，因此其应用引发的生物安全问题需要进行长期的系统研究。人们正是由于认识到生物技术有可能对人类和环境产生不良影响，同时又无法确切知道这种影响到底有多大，所以才对生物安全问题给予越来越多的关注。目前生物安全问题已经引起了国际社会的高度重视，为了趋利避害，许多国家和国际组织在积极发展生物技术的同时，也在积极进行生物安全方面的研究，并制定、发布和实施了一系列生物技术安全方面的法规、条例、指南和规定。总体目标是：通过制定政策和法规，确立相关的技术准则，建立健全管理机构并完善监测和监督机制，积极发展生物技术的研究与开发，切实加强生物安全的科学技术研究，有效地将生物技术可能产生的风险降低到最低限度，以最大限度地保护人类健康和生态环境安全，促进国家经济发展和社会进步。

现阶段中国对生物安全问题的研究相对落后于生物技术的发展，急需将这方面的研究列入重点科研和投资项目计划，包括国家生物安全管理战略和政策的研究、安全性评价、监测技术方法和标准的科学研究以及相关法律、伦理、宗教等社会科学方面的研究等；同时还需进一步健全和完善生物安全管理法律体系，加强生物安全管理机构体系建设，积极开展生物安全事务的国际交流与合作，重视生物安全的普及教育和培训工作，以有效地保护中国的生物多样性、生态环境和人体健康，促进生物技术研究和应用的健康发展。